倡导全民阅读　建设书香社会

故事里的哲学智慧
逆境是人生的美味

总主编◎东方晨曦

编　著◎东方齐天

中国石油大学出版社
CHINA UNIVERSITY OF PETROLEUM PRESS

图书在版编目(CIP)数据

逆境是人生的美味 / 东方齐天编著. —青岛:中国石油大学出版社,2015.11(2019.7重印)

(故事里的哲学智慧 / 东方晨曦主编)

ISBN 978-7-5636-5018-7

Ⅰ. ①逆… Ⅱ. ①东… Ⅲ. ①人生哲学－青少年读物 Ⅳ. ①B821-49

中国版本图书馆 CIP 数据核字(2015)第 264961 号

书　　名：故事里的哲学智慧——逆境是人生的美味
总　主　编：东方晨曦
编　　著：东方齐天

责任编辑：郭月皎(电话 0532—86983564)
封面设计：荆棘设计

出 版 者：中国石油大学出版社
　　　　　(地址：山东省青岛市黄岛区长江西路66号　邮编:266580)
网　　址：http://www.uppbook.com.cn
电子信箱：suzhijiaoyu1935@163.com
印 刷 者：北京天宇万达印刷有限公司
发 行 者：中国石油大学出版社(电话 0532—86983437)
开　　本：170 mm×240 mm　印张：8　字数：120 千字
版 印 次：2016年1月第1版　2019年7月第2次印刷
定　　价：16.00 元

前言 Preface

　　每个人的人生,都是充满奇妙故事同时充满哲学智慧的书卷,都是需要不断思考却又不可以重来的考场。人生的成功,常常不在于机遇的垂青,而取决于思考的力量。人生的哲学,作为人类理性思考的智慧结晶,存在于古今中外的人生实践中,并以故事的形式、深刻的哲学启迪着后人:思考比勤奋更重要,智慧比机遇更宝贵。

　　摆在广大青少年读者朋友面前的这套《故事里的哲学智慧》丛书,是对幸福人生的经验总结,是对成功人生的精华提炼,是对智慧人生的哲学概括。该丛书以生动的故事为立意起点,通过一个个奇妙精彩、感人肺腑、发人深省的人生故事,向读者阐述简明而深刻、通俗而精辟的人生哲学。

　　《人品决定命运》,从品格修养与性格塑造的角度出发,通过不同的人生故事阐释了人品与命运的支配关系,以生活中实际发生的情感故事,说明了这样的哲理:人品是人生的定盘星,是命运的操盘手。本书从不同的角度具体介绍了人品修炼与品格塑造的途径,是一本青少年人生修养的宝典。

　　《志向引领人生》,以点明志向对人生的价值和意义为出发点,通过平凡人物的非凡人生故事,说明理想抱负对改变人生的重要作用;通过许多伟人名人的非凡成长经历,诠释远大志向对成功人生的意义。本书以动人的故事,解读了人生志向的精确内涵和追求梦想的实践途径,同时说明没有梦想的人生是灰暗的,没有追求的人生是平庸的。

　　《自信自强的力量》,以大量动人的故事阐释了"自信者乃人生之王"的深刻哲理。每个人身上都蕴藏着巨大的宝藏,自信心就是开启内心宝藏的金钥匙。有了自信,就能发现自己与众不同的闪光点,在平凡中创造出伟大。本书分析了自信人生的智慧所在,介绍了走向自强自立的成功秘诀,从而帮助每一个有梦想、有追求的人,凭借自信自强的力量做命运的真正主人。

　　《爱的付出与收获》,以感人至深的爱心故事,从全新的角度说明了爱心与善举的含义,介绍了施爱与感恩的目标与方式。全书为读者奉献了一个个温暖人心的爱心故事,启迪青少年读者奉献爱心。本书告诉青少年读者,任何人拥有了爱的宝贵资源,人生就会变得富有和幸福;给予他人的爱心、善意、同情、扶助越多,所能得到的也会越多。

《勤学一定有收获》,整合了大量新鲜有趣、耐人寻味的精彩故事,重点阐明了这样一个哲理:勤学一定有收获,精彩人生靠勤学。"黑发应知勤学早,白首方悔读书迟。"全书引导广大青少年读者把学习作为生命的一部分,勤学不辍、积极上进。

《把握言与行的尺度》,从解读言与行的辩证关系入手,说明勤奋敢行、努力行动就能改变人生,升华生命的价值。须知,惰性是普遍而顽固的人性弱点,言而不行,想而不做,就只能在等待中耗尽生命,在失望中度过人生。本书从多个方面告诉读者:自立者,天助之,即使成功之路漫长遥远,立即行动定会赢得明日的鲜花与掌声。

《推开心灵的窗户》,紧扣培养心理品质与保持心理健康这一主题,用一些生活中常见的人生故事,从正、反两个方面说明了成功人生必须拥有健康良好的心理品质这个深刻的道理。不同的心灵状态,左右了不同的人生选择;不同的人生结局,皆是心理品质驱使的结果。本书从多个方面指导青少年学会修炼积极的心态,让心灵充满阳光。

《逆境是人生的美味》,借助凡人故事和名人经历中战胜逆境挫折的奋斗过程,告诉青少年读者,没有谁不会经历磨难和打击,成功者身上最宝贵的特质就是:不怕失败,把逆境当作开启新生的磨砺洗礼。本书从不同的角度讲解和介绍了战胜挫折与摆脱逆境的人生修炼方法。

该丛书语言清新亲切,故事感人至深,内容贴近生活,道理深入浅出,具有启迪性、趣味性、可读性、实用性等鲜明特点,是广大青少年在学校和课堂学不到的人生经验,是社会实践积淀的生活智慧。

"读精彩故事,悟人生哲学。"该丛书旨在帮助广大青少年读者为自己的梦想插上翅膀,让自己的心灵洒满阳光,穿过生活的丛林,寻觅幸福的芳草,追寻人生的春天。

编 者
2015 年 10 月于北京

目录 Contents

❈ 第一章 不经风雨,怎见彩虹

1. 人生处处有坎坷 ……………………………………………… 2
2. 逆境是人生的丰富宝藏 ………………………………………… 5
3. 在黑暗中用勇气寻找光明 ……………………………………… 10

❈ 第二章 挫折是人生最好的导师

1. 人生最深刻的教科书是挫折 …………………………………… 15
2. 失败是人生的必修功课 ………………………………………… 19
3. 在挫折的学校中学会成长 ……………………………………… 22

❈ 第三章 以积极的心态面对困难

1. 面对困难要保持积极的心态 …………………………………… 26
2. 困难没有想象的那样可怕 ……………………………………… 29
3. 自信是一切成功的基石 ………………………………………… 32
4. 相信自己,能够创造一切 ……………………………………… 36

❈ 第四章 面对困难一定要有颗勇敢的心

1. 在挫折面前决不低头 …………………………………………… 41
2. 不怕失败比渴望成功更可贵 …………………………………… 43
3. 走过去,前面是片艳阳天 ……………………………………… 46

第五章　奋斗进取，在逆风中起舞

1. 拼搏着从挫折中获取力量 ················· 53
2. 在逆境中磨炼自己 ······················· 57
3. 逆境不是阻挡你前进的理由 ··············· 61

第六章　跌倒后站起来再奔跑

1. 追求成功就要勇敢面对一切磨难 ··········· 66
2. 把挫折转化为人生的动力 ················· 69
3. 激发潜能，在逆境中赢得新生 ············· 73

第七章　意志力是一种伟大的力量

1. 人生最大的光荣在于屡败屡战 ············· 78
2. 永不屈服于任何挫折、失败 ··············· 82
3. 努力培养坚强刚毅的性格 ················· 86

第八章　直面挫折，愈挫愈勇

1. 永不言败的人可以战胜一切困难 ··········· 92
2. 越险越要拼，越难越要搏 ················· 96
3. 绝不拿困难做挡箭牌 ···················· 103

第九章　勇于面对学习与生活中的挫折

1. 不怕学习中的挫折 ······················ 110
2. 不怕人际交往中的挫折 ·················· 115
3. 不怕家庭生活中的挫折 ·················· 118

第一章

不经风雨,怎见彩虹

人生没有坦途,逆境无处不在。人生中充满了沟沟坎坎,一路走过去,谁都会碰到挫折和失败,遇到陷阱和危机。

面对逆境,强者迎难而上,并从中不断地学习,从而变得更强;而弱者则知难而退,被瓦解了意志和勇气,从而变得更弱。

不经风雨,怎见彩虹。面对困难,我们要做强者,勇敢地迎上去,因为走过逆境,前面就是艳阳天。

1. 人生处处有坎坷

> 人生是一次航行。航行中必然遇到从各个方向袭来的劲风。
>
> ——西·切威廉斯

社会是绝不可能给我们每个人都铺好现成的、完全适合自己发展的道路的。社会虽然是一片沃土,但也到处有荆棘。因此,我们要想走向沃土深处,就先要勇于踏过荆棘丛。不能适应就不能生存,更谈不上发展。

我们大多数人在踏入社会之后都会处于一种一定的而又不尽如人意的环境之中,这是我们必须承受的事实,也就是有所局限的框架。这个框架是无形的,任谁也无法摆脱,我们只能适应它,在适应的过程中寻找突破口,寻求个人的发展。承受不是屈从,适应不是放弃正当的追求,因为积极地承受和适应,除了谋生的意义之外,其实质是在社会大学深造,在困难中锻炼。这样的人生岂不是更有意义吗?

如果不想默默无闻,首先就要适应默默无闻;如果不想被环境制约,首先就要敢于突破。唯有如此,才能找到人生的自由。

精彩故事 ❶

✽ 逆境成就了伟大的人

《堂·吉诃德》是塞万提斯在他被困于马瑞德狱中的时候写的。那时他贫困不堪,甚至无钱买纸,在将完稿时,他把皮革当作纸张。有人劝一位西班牙成功人士去接济他,那位成功人士回答说:"上天不允许我去接济他的生活,因为唯有他的贫困,才能使得世界富有!"

监狱往往能唤起不屈的人心中已经熄灭的火焰:《鲁滨孙漂流记》是丹尼尔·笛福在狱中写成的;《天路历程》也是约翰·班扬在狱中写成的;拉莱

在他13年的幽囚生活中,写成了他的《世界历史》;大诗人但丁过着20年的流亡生活,他的作品《神曲》就是在这段流亡生活中完成的。

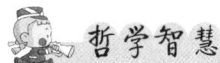 哲学智慧

  大无畏的人,愈为环境所迫,愈加奋进,不战栗,不逡巡,胸膛直挺,意志坚定,敢于面对任何困难,轻视任何厄运,嘲笑任何挫折;因为忧患、困苦不但不会损伤他们毫厘,反而会加强他们的意志与力量,使他们成为了不起的人物。

  挫折足以燃起一个人的热情,唤醒一个人的潜力,从而使他不断地走向成功。有本领、有骨气的人,都能将"失望"变为"动力",像蚌那样,将烦恼的沙砾化成珍珠。

  鹫鸟一旦毛羽生成,母鸟就会将它们逐出巢外,让它们做空中飞翔的练习。那种经验,使它们能于日后成为禽鸟中的君王和觅食的能手。

  凡是环境不顺利,到处被摒弃、被排斥的人,往往日后会有出息;而那些从小就顺风顺水的人,却常常"苗而不秀,秀而不实"!上帝往往在给予人一份困难的同时,也给人增添一份智力。

精彩故事 ❷

❋ 挫折是人生的恩人

  狄更斯幼年时,家境十分贫寒。他的父亲因负债累累,无力偿还债务,被关进监狱。小小的年纪便饱经羞辱和辛酸生活的折磨,监狱里的阴森恐怖,在他脑海里留下了极为深刻的印象。

  为了养家糊口,他两岁便挑起家庭生活的重担,受雇于一家鞋油作坊。作坊主将这个小童工当作招揽生意的活广告,站在当街的玻璃橱窗,向顾客和行人展出。

  饱受屈辱和饥寒的他,每月只能在取得工资后去狱中探望一次亲人。但这种痛苦的生活环境并没有压垮他,反而激发了他对被压迫的穷人和不幸儿童的同情心,对不公平的社会现象的憎恨。他把自己的经历付诸文字,

终于创作出了《大卫·科波菲尔》《雾都孤儿》等世界名著。

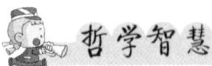 哲学智慧

苦难和挫折就像生命中的一个跳板,没有勇气跳上这个跳板的人永远没有机会达到生命的另一个高点。只有勇于承受困难,敢于迎难而上的人才能把磨难升华为前进的动力,才能在乘风破浪之后看到无限美好的天空。

翻开历史就可以发现,大多数成功的人,早年往往是贫苦的孩子。所以,面对人生的挫折,青少年一定要努力奋起,用自己的进取精神,推动自我,超越困境。

精彩故事 3

※ **安逸是最危险的杀手**

19世纪末,美国康乃尔大学做过一次有名的青蛙实验。他们把一只青蛙冷不防丢进煮沸的油锅里,这只青蛙在千钧一发的生死关头突然用尽全力,一下子跃出那势必使它葬身的滚烫的油锅,安然逃生!

半小时后,他们使用同样的锅,在锅里放满4/5的冷水,然后把那只死里逃生的青蛙放到锅里。接着他们悄悄在锅底下用炭火慢慢烧热。青蛙舒服地在锅里享受"温暖",等到它感觉到热度已经熬受不住,必须奋力逃命时,却为时已晚。它欲跃乏力,全身瘫痪,终于葬身在油锅里。

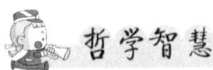 哲学智慧

这个故事给我们揭示了一个残酷无情的事实——安逸使人落后。回顾我们自己走过的人生旅程,何尝不是如此?当生活的重担压得我们喘不过气,挫折、困难堵住了四面八方的通口,我们往往能发挥自己意想不到的潜能,杀出重围,开辟出一条活路来。可往往在耽于安逸、贪图享乐或是志得意满,为已经取得的一点成绩而沾沾自喜的时候,反倒阴沟里翻船,弄得一

败涂地,不可收拾!

勇历艰险,不怕挫折,这是所有发展积极心态、立志成功的青少年必修的一课。这一课仅知道道理是不够的,而要形成一种意识。当我们面临丛生荆棘的时候,立刻就要想到这里是摘取成功之花的必由之路。

因此,青少年要永远保持一种进取精神,时时让自己处于一种奋斗的状态,这样才不致自己被无意之中产生的挫折和失败所击垮。

2. 逆境是人生的丰富宝藏

上天完全是为了坚强你的意志,才在道路上设下重重的障碍。
——[印度]拉宾德拉纳特·泰戈尔

人生中有很多障碍或苦难,同时所有的苦难都藏匿着成长和发展的种子。但能够发现这种子并好好培养出来的人,往往只有少数。

因此,我们必须对人生道路上的曲折和困难有充分的认识和思想准备。人们由于世界观的差异、认识水平的不同以及所处的客观环境不同,从而形成了独特的人生之路。但是不管人们的生活道路有何不同,有一点却是共同的——绝对笔直而又平坦的人生路是不存在的。一个人今天行走在直路上,明天则可能走在弯道上。我们在遇到困难或身处逆境时,不要茫然不知所措、灰心丧气,也不应因一时的挫折而轻言放弃,应该相信,风浪过后将是平静的海洋,坎坷后面将是平坦大道。

我们应记住,不管怎样不利的条件,只要我们能正确处理,都可能把它转变为有利的条件。只有在苦恼或挫折中奋进,变痛苦为机会,抱着"跌跤之后,不要空手爬起来"的决心,才会抓住机遇,才会获得成功。

精彩故事 ①

❋ 失业后,奋斗大半生的总统

1832年,林肯失业了,这显然使他很伤心。但他下决心要当政治家,当州议员,糟糕的是他竞选失败了。在一年里遭受两次打击,这对他来说无疑是痛苦的。他着手开办企业,可一年不到,这家企业又倒闭了。在以后的17年间,他不得不为偿还企业倒闭时所欠的债务而到处奔波,历尽磨难。他再一次决定参加竞选州议员,这次他成功了。他内心萌发了一丝希望,认为自己的生活有了转机:"可能我可以成功了!"1835年,他订婚了,但离结婚还差几个月的时候,未婚妻不幸去世。这对他精神上的打击实在太大了,他心力交瘁,数月卧床不起。在1836年他得了神经衰弱症。1838年他觉得身体状况良好,于是决定竞选州议会议长,可他失败了。1843年,他又参加竞选美国国会议员,但这次仍然没有成功。

他虽然一次次地尝试,却一次次地遭受失败:企业倒闭、情人去世、竞选失败。要是你碰到这一切,你会不会放弃?林肯没有放弃,他也没有说:"要是失败会怎样?"1846年,他又一次参加竞选国会议员,终于当选了。两年任期很快过去了,他决定争取连任。他认为自己作为国会议员的表现是出色的,相信选民会继续选举他。但结果很遗憾,他落选了。因为这次竞选他赔了一大笔钱,他申请当本州的土地官员。但州政府把他的申请退了回来,上面指出:"做本州的土地官员要求有卓越的才能和超常的智力,你的申请未能满足这些要求。"

接连又是两次失败。在这种情况下你还会坚持继续努力吗?你会不会说"我失败了"?

然而,他没有服输。1854年,他竞选参议员,但失败了;两年后他竞选美国副总统提名,结果被对手击败;又过了两年,他再一次竞选参议员,还是失败了。

在林肯大半生的奋斗和进取中,有9次失败,只有3次成功,而第3次成功就是当选了美国的第16任总统。

哲学智慧

生活的道路并非我们想象的那样总是平坦的,当你以积极的心态对待逆境时,逆境就可以成为一种前进的动力,就会开始向着它相反的方向转化,一个新的希望就在你的面前升起。

一位哲人曾说:"逆境是人生的宝藏。"稍遇挫折,身处逆境,就抱怨人生,就一蹶不振、停滞不前的人决不会成功。只有从逆境中认真吸取教训,勇敢面对问题,才会突破自我,才会有所成绩。林肯的人生故事正是告诉了我们这个道理。

精彩故事 2

❀ 从逆境中奋起的创业者

1958年,陈圣泽离开故乡广东来香港闯天下时,年仅12岁。

抵达香港后,陈圣泽经亲友辗转介绍,在一间小型的首饰工场当学徒,想不到,他的第一份职业竟也是他终身的职业。1963年,陈圣泽储蓄数千元,便离开"山寨"首饰工场独自闯天下。他找了一间不到50平方米的房间,请了一位学徒,便做起家庭首饰加工业,替客户加工钻石及设计首饰。为了节省成本,食宿也是在工场里,那时,陈圣泽这位老板,年仅18岁。

虽然陈圣泽雄心勃勃地要创业,但由于缺乏资金周转,客户又不足,以及缺乏管理经验,屡战屡败。工场虽然一度聘请了10个工人,但是在一两年间,最终仍是"全军覆没"——所有资金亏尽。不过,在创业失败的历程中,陈圣泽却积累了很多宝贵经验。

资本亏尽之后,陈圣泽并不气馁,休养生息之后,他又重整旗鼓。这一次他向朋友借了一万多元,重租首饰工场,像草履虫一样,慢慢地摸索前进。由于感到业务没有突破,他脑海中忽然泛起了一个念头,决定到国外闯一闯,汲取先进国家珠宝业的优点,以改良自己的生产方式。下定决心后,陈圣泽把公司留给太太及助手打理,自己则"前路茫茫"地跑往美国碰机会。

陈圣泽骄傲地描述当年明智的决定:"当年到了美国之后,便翻查当地最大的珠宝首饰工场的名字,并毛遂自荐,经过即席表演技艺之后,我进入美国一家首饰工厂工作,在那里学习了一年,首次接触到先进国家的流水作业过程,又了解到美国人对珠宝首饰的要求,最重要的是对自己的创作意念有所启发,给我后来的成功奠定了基础。"

回港后,陈圣泽计划大展身手,但资金不足,忽然发觉免税店有意请他管理一个珠宝加工部门,薪酬出得很高,陈圣泽便决定试一试,看看自己的实力,亦希望借此得到一笔发展资金。通过面试,他顺利进入该店,并且一做就是几年。

1975年,陈圣泽离开了免税店,用数万元资本开办了恒和珠宝公司,最初6个月只有20个人。他引入美国的"流水作业"生产方式,并取消学徒制度,以分工制度自行训练学徒,大大缩短了训练学徒的时间,令生产效率大为提高。

有了资金及经验后,当然要靠点运气。一天,他在美国的珠宝公司旧雇主参观他的工厂,并愿意交给他一些珠宝加工生意。如此,陈圣泽在珠宝行业站稳了阵脚。由于订单日增,一年之内,员工猛增至百多人;一年半后,再增至300人。到1976年,他已经稳坐香港珠宝首饰出口美国市场的第一把交椅。

哲学智慧

陈圣泽成功了,而正是他的这种从失败中奋起的精神,给了他成功的力量和源泉,他的成功是必然的。

处在逆境时,有的人会为了脱离逆境而奋斗,有的人却会因无法克服逆境而坠落下去。当然,能成功的一定是前者,自暴自弃、毁灭自己的则是后者。

逆境能培养人难能可贵的意志力量。长期的逆境生活可以锤炼人的不舍之功,造就毅力的持久性,培育出耐心、恒心、韧性和悟性。在事业的搏击中,毅力往往比智力更宝贵。"锲而不舍,金石可镂""飞瀑之下,必有深潭",事业的成功只有持之以恒,穷追不舍才能获得。

身处逆境者应该时时想到,思想的波涛已到了悬崖口上,再前进一步,就会变成宏伟壮观的瀑布;以此不断自励,终能迎来光明的未来。

精彩故事 3

❋ 人生的别样馈赠

那是一次大陆和台湾两岸的十大杰出青年的座谈会,地点是北京的西苑饭店。先他发言的是大陆的陈章良、孙雯和台湾的一位青年科学家。三位明星人物的发言都很精彩,但拖的时间太长了。轮到他发言时,已过了预定的会议结束时间,于是主持人宣布让他讲3分钟。

他的第一句话是"日本有个阿信,台湾有个阿进,阿进就是我"。接着这句开场白,他给大家讲了他的故事:

他的父亲是个盲人,母亲也是个盲人且弱智,除了姐姐和他,几个弟弟、妹妹也都是盲人,父亲和母亲只能当乞丐,住的是乱坟岗里的墓穴。他一生下来就和死人的白骨相伴,能走路了就和父母一起去乞讨。他9岁的时候,有人对他父亲说,你该让儿子去读书,要不他长大了还是要当乞丐。父亲就送他去读书。上学第一天,老师看他脏得不成样子,给他洗了澡。为了供他读书,才13岁的姐姐外出打工。照顾父母和弟妹的重担落到了他小小的肩上——他从不缺一天课,每天一放学就去讨饭,讨饭回来就跪着喂父母。后来,他上了一所中专学校竟然获得了一位女同学的爱情。但未来的丈母娘却说"天底下找不出他家那样的一窝人",把女儿锁在家里,用扁担把他打出了门……

故事讲到这里,他说,由于时间的关系,今天就不讲太多了。然后,他提高了声音:"但是,我要说,我对生活充满了感恩的心。我感谢我的父母,他们虽然是盲人,但给了我生命,至今我都还是跪着给他们喂饭;我还感谢苦难的命运,是苦难给了我磨炼,给了我这样一个与众不同的人生;我也感谢我那位女同学的母亲,是她用扁担打我,让我知道要想得到爱情,必须奋斗,必须有出息……"

座谈会结束后,我才知道他叫赖东进,是台湾第37届十大杰出青年、一家专门生产消防器材的大公司的厂长。

哲学智慧

生活不可能一帆风顺，难免有磨难。不要幻想生活总是圆圆满满，也不要幻想在生活的四季中享受所有的春天，每个人的一生都注定要跋涉沟沟坎坎，品尝苦涩与无奈，经历挫折与失意。

在漫漫旅途中，失意并不可怕，受挫也无须忧伤。只要心中的信念没有萎缩，只要自己的季节没有严冬，即使凄风厉雨，即使大雪纷飞，也不必害怕、退缩。艰难险阻是人生对你另一种形式的馈赠，坑坑洼洼也是对你意志的磨砺和考验。落英在晚春凋零，来年又是灿烂一片；黄叶在秋风中飘落，春天又焕发勃勃生机。这何尝不是一种达观，一种洒脱，一份人生的成熟，一份人情的练达。

3. 在黑暗中用勇气寻找光明

真正的强者，善于从逆境中找到光亮。

——[挪威]亨里克·约翰·易卜生

成功最致命的敌人，便是人类心理的残疾与意志的流失，其中尤以用沮丧的心情来怀疑自己的生命为最。其实，生命中的一切事情，全靠我们的勇气，全靠我们对自己有信仰，全靠我们对自己有一个乐观的态度。唯有如此，方能成功。

要想做一个出类拔萃的人，就要不怕经历磨难。人从平坦中获得的教益少，从磨难中获得的教益多。教益的积累会成为人生的宝贵经验。艰难险阻是人生对你的别样馈赠。

然而，一般人处于逆境，或是碰到沮丧事情之时，或是处于充满凶险的境地之时，他们往往会让恐惧、怀疑、失望的思想来捣乱，丧失了自己的意志，以致使自己多年以来的计划毁于一旦。

因此，对于一般人来说，应当注意在逆境中去有意识地挖掘、培养意志力。只要这样做以后，思想上黑暗的影子必将离你而去，而那快乐的阳光将映照你一生。

第一章 不经风雨,怎见彩虹

精彩故事 1

 一个征服了百老汇的女人

芬妮·赫斯特的奋斗史里,就有这样一则故事。

她1915年来到纽约,要化写作为财富。转化并没有在一夕之间成功,但终究是来临了。有四年之久,赫斯特小姐踩遍了纽约的人行道。她夜以继日地工作并怀抱梦想。希望变黯淡的时候,她没有说:"好吧!百老汇,算你赢了!"她说的是:"很好,百老汇,你可能打倒不少人,不过,那可不是我!我会逼你放弃。"

在她能有一篇故事刊登在《周六晚邮报》之前,该报已退了她36次稿。一般作家和其他行为的人都一样,碰到第一次退稿,就会放弃了。她踩了四年的人行道,因为她决心要赢。

之后,回报来了。魔咒一下子解除了,无形的向导已考验过芬妮,芬妮也通过测试了。从此以后,出版商络绎不绝地往来于她家大门。钞票来得飞快,她几乎来不及数。然后是拍电影的人发掘了她,之后财富有如洪水泛滥一样排山倒海地涌来。

然而芬妮并没有迷失方向,她一如既往地写作。

哲学智慧

由此,你可以看出坚强的意志力可以办到什么事。芬妮·赫斯特不是例外。任何人若累积了大笔财富,你都可以一口咬定此人必定坚忍不拔。百老汇可以给任何一位乞丐一杯咖啡和一块三明治,但百老汇要求那些想做大赢家的人必须坚忍不拔。

不管外界条件多么苛刻,环境多么艰苦,只要坚定目标,坚持不懈地去追求,就能在黑暗中寻找到光明,就能够突破瓶颈,获得成功。

精彩故事 ❷

❊ 拒绝首相的哲学家

1856年,圣诞之夜。在英国伦敦许多人家举杯欢庆新年到来的时候,迪恩街28号马克思家里却已经穷得揭不开锅了!

饭桌上什么也没有,食品柜里只有小半个很硬的黑面包。此刻,像往常一样,马克思仍然在埋头写作,他的妻子燕妮则在旁边帮助誊清和校对稿子。

他们刚刚遭受了两个孩子因饥寒交迫而先后夭折的巨大悲痛,还不得不面对一叠催账单:欠房东的钱、欠店铺的钱、欠医生的钱……燕妮变卖了所有的首饰和较好的衣服,可仍旧抗拒不了贫穷的威胁,他们现在拿不出一个便士,甚至连外出需要的稍稍好一点的衣服和鞋子也没有。

突然有人敲门,房东太太送来一封烫金的皇家来信。这令女房东很惊异,临走时说:"想不到马克思先生在皇宫里有朋友呀,这下,您可有好运喽。"

马克思拆开信一看,是普鲁士首相俾斯麦签署的一封便函,上面写着:圣诞快乐! 马克思先生。对您现在的尴尬处境,普鲁士国王深表同情,并愿为解脱您的困境做出一点小小的帮助。您可以搬到一个宁静安逸的别墅里住下,每年有一笔固定的、丰厚的年薪,如果您能放弃您的写作爱好的话。

"有意思! 燕妮,你看,俾斯麦首相跟我做买卖来了!"看完信后,马克思轻蔑地笑着对燕妮说。

燕妮过来看信,也笑着对马克思说:"条件真的不错,不过,首相俾斯麦能放弃信中所说的'如果'那句话,就好了。"

"哈哈……"马克思夫妇相视着会心地大笑起来。

窗外传来了节日的喧闹声,燕妮走到食品柜前,用白开水泡软那小半个硬面包,端给马克思,马克思又拿过一个杯子,倒了一半开水给燕妮。喝完水泡面包,马克思咳了好一阵子,又继续拿起笔写稿子,那稿子的封面上写着三个字:资本论。

马克思铺开信纸,开始写回信,他写道:"圣诞快乐! 俾斯麦首相。来信所谈交换条件已知。感谢您的关照,我荣幸地成了对你们有威胁的人。不错,我的生活处境的确够糟糕的,不过,我宁愿欢迎贫困与病魔的光顾,也不习惯住进您慷慨给予的宁静安逸的别墅;我的稿费相当少,甚至连我写稿时抽烟的钱都不够。不过,一个人的写作爱好是不会因钱少而改变的。……我固执地坚信,我们将是胜利者!"

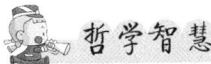 **哲学智慧**

"胜利者永不止步,止步者永无胜利!"你若总能在失败之后奋进不息,那么"成功之母"就会对你暂时挫折和失利给予宽宏的谅解,但是,对那些因前路艰辛而止步不前的"罪行"是不会有任何原谅的。马克思之所以能成为一代伟人,正是由于他承受了生活的窘迫,坚守了自我的追求,以极大的勇气同时代、同权贵战斗并前行着。

第二章

挫折是人生最好的导师

没有人能给生活贴上永久顺利的标签。生活道路并不总是洒满阳光、充满诗意,常常也会遇上沼泽、寒风或面临荆棘丛生的小道。懦弱者尝尽烦恼,度日如年;畏难者磨去锐气,把逆境作为安逸的摇篮;有志者自强不息,面对似乎是毫无希望的境遇,在逆境的荒野上开垦孕育价值的沃土。

逆境,是人生的一门必修课。

1. 人生最深刻的教科书是挫折

逆境给人宝贵的磨炼机会。只有经得起环境考验的人,才能算是真正的强者。

——[日]松下幸之助

逆境是一部深奥丰富的人生教科书。它吞噬意志薄弱的失败者,而常常造就毅力超群的成功者。逆境并非绝境,在人类历史的长河中,具有"坦途在前,人又何必因为一点障碍而不走路"的豪迈情怀、为科学和文明做出贡献的前驱者可谓翻览即见。

逆境能激起人的紧迫感。逆境往往能使人更加深刻地理解时间的价值和意义,一个人如想尽快摆脱逆境,会最大限度地发掘出平时蓄积的生命能量,加快生活节奏,增强"潜能散发效应",提高学习与工作效率。

逆境可以使人产生清醒的自我意识。一个人进行自我反思往往需要时间和环境。在逆境中,人常常会比较冷静,会比较客观地分析自己的利弊,并能够在较短的时间里选定聚焦突破的方向,已经付了"学费",比较容易转化成对生活的真知灼见。因此,逆境是一所学校,它教人聪明,给人学问。

逆境能培养人难能可贵的意志力量。长期的逆境生活可以锻炼出耐心、恒心、韧性和悟性。在人生的搏击中,毅力往往比智力更宝贵。身处逆境者应该时刻想着,思想的波涛已到了悬崖口上,再前进一步,就会变成宏伟壮观的瀑布,以此不断自励,终能迎来光明的未来。

精彩故事 1

❋ 作文不及格的小学生

小学的作文课上,老师给学生的作文题目是"我的梦想"。

一个小朋友在本子上飞快地写下了他的梦想。

他希望将来自己能拥有一座占地10公顷的庄园,庄园中有无数的小木

屋、烤肉店和休闲馆。除了自己居住,还可以和前来参观的游客分享自己的庄园。

老师看过作文后,要求他重写。小朋友感到自己很委屈,就去问老师原因。

老师说:"我要你们写下梦想,而不是空想。你知道吗?"

小朋友据理力争:"可是,老师,这就是我的梦想。"

老师坚持:"不,那不可能实现。我要求你重写。"

小朋友坚持没有重写,于是他的作文得了个"不及格"。

30年之后,这位老师带着一群小学生到一处度假胜地旅行,在尽情享受美丽的风景、舒适的住宅和可口的烤肉时,一名中年人向他走来。

他告诉这位老师,他正是当年那个作文不及格的小学生。如今,他拥有这片广阔的度假庄园,实现了儿时的梦想。

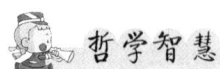

如果一个人缺乏远大的志向和野心,那么,他就不可能有太大的作为。因为只有远大的志向和野心才能鞭策、激励着人们前进,才能令人们拥有坚忍不拔的意志和誓不退却的决心,才能使人们焕发蓬勃的力量,翻越无穷无尽的障碍,最后奔向既定的目标。相反,如果一个人把工作当成劳役和折磨,就像一个囚犯被戴上沉重的枷锁,一匹疲惫的老马被套上无力胜任的重负,那他是永远不会有大的成就的。

只有理想的光芒高高照耀,只有心中存有不可抗拒的召唤,只有满怀热忱和希望,我们才有可能到达成功的彼岸;否则,我们或者是沦落为平庸,或者是走向失败。

精彩故事 ❷

❋ 出身于贫民窟的州长

一天,当罗杰·罗尔斯又像以前一样从窗台上跳下来,伸着小手走向讲台时,他的老师并没有指责他,而是轻声地对他说:"我一看你修长的小拇

指,就知道将来你准是纽约州的州长。"这位老师并不是一位高明的算命先生,他只是想通过这种方式来鼓励这些贫民窟里的孩子,给他们树立信心。然而,这句话却令罗尔斯大吃一惊,因为他长这么大,只有奶奶让他振奋过一次,说他可以成为五吨重小船的船长。这一次,老师竟说自己能成为纽约州的州长,难道真的会这样吗?这太令人振奋了。于是,罗尔斯记住了这句话,并对之充满了信心。信心激发出了罗尔斯的能力,从此,他的衣服不再沾满泥土,说话时也不再夹杂污言秽语,他开始挺直腰杆走路。在以后的四十多年里,他没有一天不按州长的标准要求自己。51岁那年,他终于成为纽约州州长。他在就职演说中讲了这样几句话:

"信心值多少钱?信心是不值钱的,它有时甚至是一个善意的欺骗。然而,你一旦坚持下去,它就会迅速升值。"

哲学智慧

罗杰·罗尔斯是美国纽约州历史上第一位黑人州长。他出生在纽约一个声名狼藉的贫民窟,从小就生活在一种肮脏的、充满暴力的环境中。那么,是什么唤醒了他的能力而使他走出贫民窟,成为纽约州州长的呢?是信心!

这个故事告诉我们,信心虽然一文不值,只是一种精神状态,但是它却能把贬抑的自我提升起来,能把自身的潜能调动起来,去克服重重困难,最终走向成功。

每个人都有自身独具的天赋,但很少能传承于生命旅程,因为不自信。因为不自信,我们常常扼杀自己的才能;因为不自信,我们常常泯灭希望之烛。

信心是成功的邮差,有了信心,你就能越过艰难险阻,到达成功的目的地。

精彩故事 ❸

✳ 失败是人生的正常状态

有一位朋友曾说,失败是人生的正常状态。他说,在每一次选择之前,他都会把失败的因素考虑在内。当他讲出这番话的时候,话中包含了他多年的人生体会。

好多年以前,这位朋友是一家国有餐饮公司的总经理,他培养了许许多多部门经理。他把他的经营理念全部传授给他们,并把自己通过实践总结出来的经验告诉他们。后来,也是这些由他一手培养起来的人与他分庭抗礼,他们用他传授的办法与他竞争,最后将他经营的酒店挤垮。经过了短暂的阵痛之后,朋友又重新注册了一家酒店,他虽然总结了过去的教训,但依然坦诚对待每一个员工。在大家的共同努力下,酒店的生意更加兴隆。

每当说起这些往事的时候,这位朋友很豁达地说:"商场如战场,而人性中本来就含有一种可变的成分。"他说:"我不会指责任何人有负于我,我想在做这件事之前,就该把人性中可变的成分考虑在里面。人生是一连串'尝试'与'犯错'的实验过程。在我们学会某件事之后,接着就轮到自己试着去做了。第一次我们或许不会有理想的结果,所以我们尝试第二次、第三次、第四次……练习次数愈多,成果就愈好。之后,我们再开始向更高难度挑战。每一次成功,就把我们的标准加高一层,事成之后的满足感也就愈大。只有这样,我们才会把眼光放高一些,超越我们的竞争者。之后我们再做尝试,鞭策自己不断地向更高的境界努力再试一次。"

哲学智慧

失败和成功,都是人生的插曲,就像输与赢,都是生活的一部分。重要的是去思考如何不在同一个地方跌倒。

任何一个成功的商人,也不可能谈成每一个项目,再优秀的球员也不可能每场球只赢不输。失败只是人生的一部分,没什么大不了的,每一个走向自己理想的人,都应该具有

遭遇失败的心理准备。

　　成败是一体的。有了失败我们才能获得个人的成长与突破。失败让我们看到了自己的弱点与缺陷,以及需要改进的地方。想要达到你的目标,满足你的渴望,实现你的梦想,你一定要付诸行动。失败是你尝试做某件事却得不到理想的结果;害怕失败则是另一回事。这种恐惧,很可能让你动弹不得,一事无成,抱憾终生。

　　面对失败,我们不要因遭受了失败的打击就一蹶不振,成为让失败一次性打垮的懦夫,或成为无勇也无智者;也不要在遭受失败的打击时,不反省自己、总结经验,而是凭一腔热血,勇往直前,成为有勇而无智者;而是要在遭受失败的打击时,能够极快地审时度势,调整自身,在时机与实力兼备的情况下再度出击,卷土重来,成为智勇双全者。

2. 失败是人生的必修功课

　　最好的锤炼方法是失败。没有什么比经历失败更能锻炼人了。

——[美]肯·塞福

　　明朝洪应明说,恶劣的生存环境(包括不公正的待遇、贫困的生活、不能获得成功的困境),是锻炼英雄豪杰的熔炉和铁砧。能够经受住它锻炼的人,身心两方面都会受益;反之,身心则会受损害。

　　实际上,失败往往会使一个人的生存环境变得恶劣起来。比如,一个投资家失败,可能马上变成不名一文的穷光蛋;一个军人失败,可能会受伤或沦为战俘。那么,我们该如何正确地对待失败呢?

　　首先,我们应该认识到,失败是人生不可避免的功课。我们不可能生而知之,我们要长大成人,这期间必然要经历诸多失败。婴儿蹒跚学步,总要摔些跟头。如果摔了一两次跟头就趴在地上不起来,那他永远也不会走路。法国作家雨果说:"尽可能少犯错误,这是做人的准则。不犯错误,那是天使的梦想。尘世上的一切,都是免不了错误的。"

　　只要努力去做,就会有所收获,就有可能获得成功,偶尔的失败只是必经的过程。只有你亲自动手尝试,体验你从未经历过的事,你才能成功、才会进步。实际经验多了,成功的机会自然会多。只有把命运掌握在自己的手里,并持之以恒地努力奋斗,才有可能取得成功。

精彩故事 ①

❋ 明星之路从失败开始

上官云珠是我国著名的电影演员。

她原本是一家照相馆的女职员,因为长得漂亮,国华公司聘请她担任一部影片的重要角色,还把她的彩照登上画报,准备捧红她。不料她第一天拍戏就砸了锅,站在镜头前浑身发抖,一句台词也说不出。导演耐心地连试了三次,她都发抖,只得作罢。第一次明星梦破灭,上官云珠不甘心失败,又托人介绍到艺华公司,争取到一个角色。当正式在水银灯下拍摄时,她那个临场紧张发抖的毛病又犯了,第二次又失败了。面对两次失败,上官云珠既没有自卑,也没有放弃梦想,而是以一种积极进取而又稳重谨慎的态度,认真分析失败原因,认识到发抖是因为自己缺乏表演基本功,心虚胆怯。于是她进入业余剧团,在舞台演出中磨炼基本功,积累经验,准备东山再起。她还先后到上海戏剧学校、新华公司演员培训班学习。1941年,上官云珠参加《玫瑰飘零》影片的拍摄,获得成功,最终成为大明星。

哲学智慧

美国作家爱默生说:"每一种挫折或不利的突变,都带着同样或较大的有利的种子。"如果上官云珠没有经受失败,第一次拍摄就顺利地通过了(而其实她的演员基本功很差),那么,她就只能做一个昙花一现的"明星",不会有后来真正的辉煌。

印度圣雄甘地说过:"矛盾和不幸并非是最坏的事。有什么样的经验,结果就成为什么样的人——经验越丰富,一个人的个性就越坚强。"甘地为争取印度的独立,提倡非暴力抵抗,与英国殖民主义进行了多年斗争,其间多次坐牢。但这些没有使他屈服,而是更坚定了他斗争的勇气,也使他增长

了斗争经验,终于取得了最后的胜利。

只要与困难抗争,便能使孱弱的筋肉变得坚强;希望与信心总是在恐慌的守望之长夜诞生的。

精彩故事 ❷

✽ 不要让自己打败自己

1862年9月,美国总统林肯发表了将于次年1月1日生效的《解放黑奴宣言》。在1865年美国南北战争结束后,一位记者去采访林肯。他问:"据我所知,上两届总统都曾想过废除黑奴制,《解放黑奴宣言》也早在他们那时就已起草好了,可是他们都没有签署它。他们是不是想把这一伟业留给您去成就英名?"林肯回答:"可能吧。不过,如果他们知道拿起笔需要的仅仅是一点勇气,我想他们一定非常懊丧。"林肯说完匆匆走了,记者一直没弄明白林肯这番话的含义。

直到1914年林肯去世50年后,记者才在林肯留下的一封信里找到了答案。在这封信里,林肯讲述了自己幼年时的一件事:"我父亲以较低的价格买下了西雅图的一处农场,地上有很多石头。有一天,母亲建议把石头搬走。父亲说,如果可以搬走的话,原来的农场主早就把它们搬走了,也不会把地卖给我们了。那些石头都是一座座小山头,与大山连着。有一年父亲进城买马,母亲带我们在农场劳动。母亲说,让我们把这些碍事的石头搬走,好吗?于是我们开始挖那一块块石头,结果不长时间就把它们都搬走了,因为它们并不是父亲想象的小山头,而是一块块孤零零的石块,只要往下挖一英尺,就可以把它们晃动。"

林肯在信的末尾说:"有些事人们之所以不去做,只是他们认为不可能。而许多不可能,只存在于人们的想象之中。"

哲学智慧

这个故事很有启迪性,它告诉我们,有的人之所以不去做或做不成某些事,不是因为他没有这个能力,也不是客观条件限制,而是由于他的心态。他内心的自我想象首先限制了他,是他自己打败了自己。

许多人失败,不是因为天时不利,也不是因为能力不济,而是因为自我心虚,自己成为自己成功的最大障碍。有的人缺乏自重感,总觉得自己这也不是、那也不行,对自己的身材、容貌不能自我接受,时常在人面前感到紧张、尴尬,一味地顺从他人,事情不成功总觉得自己笨,自我责备、自我嫌弃;有的人缺乏自信心,怀疑自己的能力,内心中的自我是一个可怜的、脆弱的、需要别人帮助的弱小形象;有的人缺乏安全感,疑心太重,总觉得别人在背后指责和议论自己,对他人的各种行为充满了戒备心,容易产生嫉妒。这样的人,他们真正的敌人正是他们自己。

3. 在挫折的学校中学会成长

困难会逼着人想办法,困难环境能锻炼出人才来。

——徐特立

有一位成功学家指出,要做一个成功的人,就要在挫折这所学校里接受必要的训练,并且要从心里树立这样一个概念:挫折乃是人生的良师。

挫折是一所每个人都必须上的学校,在这所学校里,你将学会独立思考,你将学会怎样选择,这一切都决定了你将来一生的命运。因此,每个青少年都应在这所学校里认真学习,积极实践,争取早日毕业。

从挫折中学习非常重要。通过学习,就不会再犯同样的错误,更不会失去走向成功之道的信心。日本学者板井野村曾说:"没有比挫折更有价值的教育。"如果把失败弃之不顾,不加反省就意志消沉,那么即使开始下一项工作,也不会收到好的效果。遇到挫折,若只是简单地以"跟不上人家"为借口,就不会有任何进步,没有在挫折中学习的精神,便永远得不到成长。

心理学家认为:对挫折的体验,能培养青少年从容应对风险的能力。一旦发现自己能在风险中挺过来,对挫折的恐惧就更少了。无论成功还是失败,下次再遇到问题时,都会比较从容自如地应对。没有达到自己的目的是很令人失望的,但这也能使我们得到经验,问题是你如何对待不成功的尝试。不要辱骂它,而要利用它。

人是通过一次一次地磨炼,一点一滴地经验积累,逐渐坚强和成熟起来的。这样,当逆境真的出现时,我们就不会像暴风雨中的茅草屋一样,轻而易举地被摧毁,就能在灾难的飓风面前顽强挺立。

精彩故事 ❶

❋ 是什么导致挫折感的产生

曾有这样一位青少年,他的家境并不富裕,可他却一味追求奢华的生活方式,想和某些学生一样能出国,能去国外办一些企业,并把此作为自己生活中的一个强烈的追求方向。但由于他家的经济条件并不好,又没有国外亲友的资助,于是他就感到失望,感到痛苦,又感到十分自卑,自叹生长在这样一个家庭里,从此一蹶不振。

某重点中学的学生既想使自己的学习成绩能在班级中数一数二,又想搞好班委干部工作,同时又担任学校的文艺工作负责人,还参加了乐器小组,经常要外出接待外宾……

结果由于各种活动无法同时得到满足,他的需要受阻,顾此失彼,学习成绩也下降了,乐器也拉得不如以前了,校文艺工作也无心去搞了,他开始怀疑自己的智商,开始怀疑自己的能力,一度陷入了焦虑和痛苦之中而无法自拔。这就是由于内心冲突引起的心理受挫。

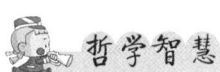

我们生活在一个复杂的社会环境中,无论一个人在各方面是多么顺利,但心理挫折都会在身上产生,只不过不同的人心理承受挫折的强度不同而已。有的人能忍受经常的、严重的挫折,而且能表现出坚韧不拔的毅力。众所周知的张海迪、吴运铎等在肉体残缺的情况下,还能保持健康的心态,他们是那么热爱生活、热爱生命,他们把身体的残缺看作一种受挫力的磨炼,所以他们是强者。

经历了挫折,最终战胜了挫折,青少年往往从中感悟到许多,学习到许

多,也成熟了许多。从这个意义上讲,失败就是成功之母。

挫折应是青少年走向社会的必修课。

精彩故事 2

❀ 他为什么会自杀?

有这样一则报道:美国一家公司招聘营销人员,应考者很多。发出录取通知许多天了,考试的第一名,一位名叫罗杰斯的青年却迟迟没来公司报到。原来,他考试之后自己觉得毫无希望,竟然自杀了!于是公司内外都为他的错觉深感惋惜,而公司总经理却对此事淡然一笑,轻轻地说了两个字:"幸亏。"面对人们迷惑不解的神情,总经理解释说:"心理素质如此之差的人,如果进了我的公司,早晚会毁掉我们苦心经营起来的事业!"

哲学智慧

也许这位总经理说得有点严重了,但却一语道破其中深义。因为害怕失败与不怕失败,确实是强者与弱者的试金石,是成功者与失败者的一条分水岭。

许多人都对自己的生活、工作有着美好的憧憬,很想尝试新事物,攻克新课题,为自己开辟新的事业。但他们往往是还没有开始做,或者刚一碰到困难就预想到失败,害怕出丑,或是担忧白白地耗费了自己的心血与精力,甚至是莫名其妙地感到事情不妙就束手不干,只好安于现状。

这种怕失败、怕丢面子的意识只能过高地估计客观的困难和阻力,而过低地估计自己的潜在能力;只能使自己逃避挑战,放弃希望,停滞不前,缩手缩脚,永远把自己限制在无所作为的境地。

世界上没有任何一样新事物、新课题是不经失败就一举奏效的。你不去尝试和实践,不能在挫折中学习和成长,就绝无前进的希望和成功的可能。

第三章
以积极的心态面对困难

人人都想拥有一份美满的生活,都想拥有一个美好的未来,但人生不如意事十之八九,生活在瞬息万变、充满压力和挑战的多元化时代,人们随时随地甚至接二连三地会遇到困难、陷入逆境。当你遭遇这些困难逆境时,当生活变得似乎暗淡无光时,当你暂时没有什么好的解决办法时,你该怎样做呢?选择只有两个,或听天由命,怨天尤人;或积极面对,迎难而上。

人生之中,不管发生什么事情,我们都应该以积极的心态面对困难。积极的心态是一种无形的力量,能给处在困境中的人带来希望、勇气和斗志,是我们迎接挑战的动力,是成功的先导,是掌握命运的钥匙。只要具有积极的心态,不论遇到多大困难,遭遇怎样的逆境,都不会阻止我们前进的脚步,我们就能把握住自己的命运,直至实现自己的成功理想。

1. 面对困难要保持积极的心态

生活中遇到困难和危机并不可怕,关键在于我们对此的态度。生活本就是一个不断面对困难,解决困难的过程。当困难出现的时候,我们要做的不是抱怨,不是逃避,而是以积极的心态勇敢面对,找到解决困难的方法,使困难成为我们进步的垫脚石。因此,日常生活中,我们一定要学会用积极的心态面对困难。这样,即使我们接二连三地遇到艰难和挑战,有了好心态定然能够帮助我们激发斗志,激活智慧,最终战胜困难,脱离险境,走向成功。

精彩故事 ①

❋ **修河堤的工程师**

一位工程师带队修筑一条河堤,突然暴风雨来临,所有的机器设备都来不及撤走,就被大水淹没了,刚刚开始的工程也全被摧毁。

洪水退去后,留下遍地泥泞,机器东倒西歪地布满泥浆。工人们看到被破坏的工地,不禁悲从中来。"你们怎么都哭丧着脸?"工程师笑着问大家。

"你没看见吗?"他们哭丧着脸说,"工地全完了!"

"我不这样觉得,"工程师爽朗地说,"虽然现在遍地泥泞,机器东倒西歪,布满泥浆,但我看到的是蔚蓝的晴空,当太阳出来后,泥泞还会长久吗?"

这位工程师就是后来成为汽车业巨子的亨利·福特。

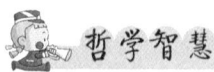

英国作家萨克雷有句名言:"生活是一面镜子,你对它笑,它就对你笑;你对它哭,它也对你哭。"确实,不管生活中有什么困难和挫折,你都应以欢悦的态度微笑着对待生活。同样的世界,不同的是看世界的人。心态积极者看到的是头上的晴空丽日,心态悲观者却只能看到脚下的泥泞沟坎。我们对待困难的态度,在很大程度上影响生活和工作的各个方面,也是制约我们能否快乐生活、开心工作、事业成功的关键因素。以积极的心态面对困难,用永不言败的精神解决困难,一定会帮助我们打开成功的大门,从而实现我们的人生理想和价值。

精彩故事 2

❋ 囚室的窗口

二战时,在纳粹集中营的一间狭小的囚室里关着两个人,囚室有一个很小的窗口,那是他们俩唯一能了解外界的途径。每天早上,他俩都要轮流去窗口眺望外面的世界。

一个人从窗口看到蓝色的天空,小鸟在空中自由地翱翔,他感到豁达和宽慰,对未来仍满怀希望;另一个人从窗口看到的总是森森的高墙和铁丝网,他的心中充满了焦躁和恐惧,每一分、每一秒都在痛苦中饱受煎熬。

半年以后,后者因忧郁死在了狱中;前者坚强地活了下来,直到获救。

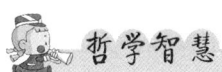

同样是失去自由的囚犯,同样可以眺望窗外的世界,为什么结果大相径庭呢?原因在于,乐观者生,悲观者死,出口总是留给拥有积极心态和清醒头脑的人。生者不仅拥有牢狱中的窗口,他还打开了一扇心灵之窗。"黑云压城城欲摧",人在生活中难免有困顿之时,心灵之城难免被荫翳笼罩,凄风苦雨中,如何才能挣脱命运的罗网?以积极的心态面对困难,永不退缩,永不言弃,在憧憬着未来的美好世界中坚强地活下去,我们就一定能走出命运的牢笼,拥抱精彩的美丽人生。

精彩故事 3

❋ 盲人的希望之光

有这样一老一小两名相依为命的盲人,每天靠弹琴卖艺维持生活。

一天,老盲人终于支撑不住,病倒了,他自知不久将离开人世,便把小盲孩叫到床头,紧紧拉着他的手,吃力地说:"孩子,我这里有个秘方,它可以使你重见光明。我把它藏在琴里面了,但你千万记住,你必须在弹断第一千根琴弦的时候,才能把它取出来,否则,你是不会看见光明的。"

小盲孩流着眼泪答应了师父,老盲人含笑离去。

一天又一天,一年又一年,小盲孩用心记着师父的遗嘱,不停地弹啊弹,将一根根弹断的琴弦收藏着,铭记在心。当他弹断第一千根琴弦的时候,当年那个弱不禁风的少年已到了垂暮之年,变成一位饱经沧桑的老者。他按捺不住内心的喜悦,双手颤抖着,慢慢地打开琴盒,取出秘方。

然而,别人告诉他,那只是一张白纸,上面什么都没有。泪水滴落在纸上,他笑了。就在拿出"秘方"的那一瞬间,他突然明白了师父的用心,虽然是一张白纸,但确实是一张没有写字的秘方,一张难以窃取的秘方。只有他,从小到老弹断一千根琴弦后,才能领悟这无字秘方的真谛!

那秘方就是希望之光,是在漫漫无边的黑暗摸索与苦难煎熬中,师父为他点燃的一盏希望之灯!

哲学智慧

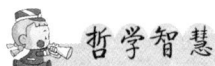

如果你身处绝境,一定不要放弃希望和信念,因为希望就是一盏灯,若没有它,黑暗中的我们就会被吞噬。心怀希望,以积极的心态面对困境,终会发现:光明并不遥远,黑暗也不是永远,只要永不放弃努力,在绝望中默默地努力,默默地等待,希望就会升起,黑暗过去,就会是无限光明!常常怀着积极的心态,期待着前程充满光明与希望,期待着美好的愿景终能实现,从中可以生出巨大的力量来。只要有一个积极的希望,我们就能够坚定不移地朝着梦想走下去,不管路途多么遥远,坎坷艰辛有多少。

2. 困难没有想象的那样可怕

"没有比脚更长的路,没有比人更高的山。"汪国真的《山高路远》这首诗,成了"80后"共同的回忆。正如这两句诗所言,人比山高,脚比路长,远方无论多远,只怕没有追寻的双足抵达。人生亦是如此,我们不怕目标的高远,只怕没有追寻的勇气、热情、执着……只要心头时时燃烧着坚定的信念,一往无前地行进下去,就会惊讶地发现——很多所谓的远方,其实真的并不遥远;许多曾压迫我们喘不过气来的大小困难,也不过如此。

精彩故事 1

❋ 带头跨过小沟的小女孩

帕杰玛和几个朋友相约周末去郊外爬山。小伙伴这一天兴奋极了,大家都玩得很尽兴,不知不觉太阳都快落山了,他们还在山顶。如果原路返回还需要两到三个小时的时间。这时候有人提议说知道另外一条捷径,不到一个小时就可以下山,但是要跨过一条小沟。

望着越来越低的太阳,他们一致同意走近路。

那条小沟有几米深,沟里是潺潺的溪水,在四月的黄昏里发出响亮而空洞的声音,那种声音让人想到不慎失足掉下去的惨烈……前进还是后退?他们在沟前犹豫了很久。天一点一点暗了下来。

这时候,一个女孩站了出来。她拿了一根树枝在沟之间比画了一下,然后放在地上说:"沟就是那么宽的距离,大家跳跳试试看。"大家很轻易地就在平地上跳过了那个和沟差不多宽的距离。但是面对溪水哗哗的小沟,有人还是犹豫,女孩第一个跳过去了。大家相互鼓励着,一个个也都跳过去了,包括胆小的帕杰玛。

那个傍晚,他们很快就下了山。而且,在下山的道路上,他们还惊喜地发现了一大片粉红、嫩白的桃花。在这样一个落英时节,那绚烂的色彩真的是很难看到的一道美丽的风景。大家返回驻地没多久,雨从天而降,又大又急。大家都笑着说:"那小沟并没有我们想象中的可怕吧!可怕的只是我们心中的想象。我们一抬腿,不就过来了吗?而世事难料,安全也不是绝对的。如果我们当时选择熟悉的那条路回来,说不定都成了落汤鸡了。"

哲学智慧

生活中难免会遇到各种各样的沟沟坎坎。每次面临进退的选择,当你感到恐惧和疑虑时,就如同面临一条拦路的小河沟,其实你抬腿就可以跳过河沟,就那么简单。世上无难事,只要肯登攀。在许多困难面前,人需要的只是一抬腿的勇气。在今天这样一个快速变化的新时代,很多挑战都是前人所没有做过的,在每个人的人生道路上,必然会碰到各种各样的困难。此时,缺少勇气、心存疑虑、害怕苦难的人,注定会被时代所淘汰。人生要有所作为,就必须勇敢地迈过一个个的沟坎,这样困难就能一个一个被战胜,转化为前进的阶梯,送我们到达成功人生的目的地。

精彩故事 ❷

❀ **里皮克的"新挑战"**

里皮克曾在一家纽约知名报社当新闻记者,但多年的工作经历告诉他这一行并不适合自己,而且限制了自己的特长,他觉得自己需要一份更有挑战性的新工作。于是,他辞去现有的工作,在同事和朋友诧异的目光中,跨行来到一家广告公司,当了一名业务员。他对自己很有信心,向经理提出不要薪水,只按自己的业绩抽取佣金,经理当然乐意答应他的要求。

上班第一天,里皮克的举动就很让人吃惊,因为他向经理要了一份很有实力却多次没有争取到的客户名单,名单上的企业,在这以前的许多广告业务员都去碰了壁,无功而返。所有的同事都认为那些客户是不可能与他们合作的。

但里皮克并不这样认为,每次在他去拜访这些客户前,他总是先把自己关在屋里,站在一个大镜子前面,把客户的名称和负责人的名字默念十遍,接着信心十足地说:"一个月之内,我们将有一笔大交易。"

他坚定的信心成为成功的催化剂。仅在第一天,就有3个所谓"不可能"的客户和他签订了合同,过了几天,又有两个客户同意与他合作。一个月后,名单上只有一家企业还没谈成。

到第二个月,里皮克在拜访新客户的同时,每天早晨,只要拒绝买他广告的那名客户的商店一开门,他都进去请这位商人做广告,但是每一次这位商人都面无表情地说:"不!"可是每一次,当这位商人说"不"时,里皮克都不放在心里,然后继续前去拜访,就像拜访新客户一样。

很快又一个月过去了,连续对里皮克说了60天"不"的商人突然有了兴趣,与他交谈了几句:"你已经在我这里浪费了两个月的时间,事实上我什么也没有给你,我现在想知道的是,是什么让你坚持这样做。"

里皮克这样说:"我当然不会故意到这里来浪费时间,我是到这里学习的,你就是我的老师,我从你这里学习如何在逆境中坚持,事实上我们都在坚持。"那位商人点点头,对里皮克的话深表赞同,他说:"其实我也不得不承认,我也一直在学习,你也是我的老师。我们都学会了如何坚持。对我来说,这比金钱更加宝贵,为了表示我的感激之情,我决定买你一个广告版面,这是我付给你的学费,而不是我放弃了坚持。"

在商人很有礼貌的"退让"下,名单上最后一个"钉子户"被拔除了!

当他把打满钩的名单交回给经理时,经理顿时站了起来,向这位杰出的广告业务员表示敬意。他说:"以你的能力,不应该继续做一名业务员,所以,我将向总经理提议,为你专门成立一个部门。"

第三个月的第一天,以里皮克为经理的广告二部成立了,三十多名员工成为里皮克的下属。在这里,里皮克找到了一个最适合自己发展的全新空间。

哲学智慧

里皮克的坚持最终导致他取得了成功,也鲜明地证明了坚持就是取得成功的关键所在。因为坚持使人能坚守梦想和目标,专心致志并保持平衡的心态,直到做成想做的事,成为想成为的人。

英国作家塞缪尔·约翰生指出:"成大事不在于力量的大小,而在于能坚持多久。"诚如所言,生存既简单,也复杂,根本没有什么秘诀可言,如果真有的话,就是"坚持"二字。生活的一切起点都是因为有目标。但在将目标变为成功的过程中,坚持是最重要的个性特点。当一个目标成为众人追逐的对象时,最能坚持的往往会笑到最后。在人们的生活和事业中,往往会因为缺少这种精神,而与成功擦肩而过。大凡成功者,他们总是冷静地面对事业进展中的每一个关键时刻,坦然地面对一时的失利,学会在逆境中坚持,永不放弃地追求自己的目标,然后在竭尽努力中坚持到胜利来临。

3. 自信是一切成功的基石

人生成就的大小,永远不会超出自信心的大小。你相信自己会成为什么样的人,并且去做了,你就会成为你希望的那种人。失去这种自信,乔布斯不会创造苹果的辉煌,王健林更不会成为中国的首富。当一个人极度怀疑自己的能力,那么,他一生中就决不能创造出像样的成就。不自信却又固执地企盼成功,就如同痴人说梦。因为,成功的先决条件就是自信。

自信,就是相信自己,不会为所犯的错误而折磨自己,也不会为自身的缺陷而轻看自己,更不会为不幸而纵容自己,只会坦然面对所遇的困难和挫折,主动寻求解决困难的方法和途径,这样的人无疑总会找到打开成功大门的钥匙。

精彩故事 1

❀ **自信的流浪汉**

美国的华盛顿曾有一个创业者,第二次世界大战前,他把多年以来积攒的所有积蓄全部投资在一个制造汽车配件的工厂上。由于战争的爆发,他无法取得工厂所需要的原料,只好宣告破产。

　　金钱的丧失,工厂的倒闭,使他大为沮丧。他认为是他把家人害得没有了一切,于是他离开妻子儿女,成为一名流浪汉。过去的一幕一幕时常在他的脑海里上演,对于这些损失他无法忘怀,老是徘徊在过去,不肯为今后的日子打算,而且越来越难过。到最后,他甚至想要跳湖自杀。

　　一个偶然的机会,他看到了一本名为《自信心》的书。这本书说的全是有关怎样能够把人的信心建立起来,当你在生活、工作上崩溃了以后,如何重新恢复信心的故事。他看完之后,有了勇气和希望,决定找到这本书的作者,请作者帮助他再度站起来。

　　他便四处打听,终于打听到了。当他找到那位作家,说完他的故事后,那位作家却对他说:"我已经以极大的兴趣听完了你的故事,我希望我能对你有所帮助,但事实上,我却绝无能力帮助你。"他的脸立刻变得苍白,默默地愣了几分钟,然后低下头,喃喃地说道:"这下完蛋了。"

　　作家停了几秒钟后说道:"虽然我没有办法帮你,但我可以介绍你去见一个人,他可以协助你东山再起。"刚听完这句话,流浪汉立刻跳了起来,抓住作家的手,说道:"看在老天爷的份儿上,请带我去见这个人。"

　　他便跟着作家走到里边的卧室,作家把他带到一面高大的镜子前,用手指着说:"我介绍的就是这个人。在这世界上,你只有靠这个人的帮助才能够东山再起。但是你必须安静地坐下来,好好看清楚他,彻底认识认识他,否则你只能跳到密歇根湖里。因为在你对这个人没有充分的认识之前,对于你自己或这个世界来说,你都将是个没有任何价值的废物。"

　　他朝着镜子走了几步,用手摸摸长满胡须的脸,对着镜子里的人从头到脚打量了几分钟,然后退几步,低下头,开始哭泣起来。等了一会儿,他就走了,也没对作家说什么。

　　几天后,这个人终于出现在了街上,和前些日子相比,人们几乎认不出原来的他了:他的步伐轻快有力,头抬得高高的,他从头到脚打扮一新,看来是很成功的样子。

　　一天,当那位作家又遇到这个人后,有点儿不敢相信自己的眼睛,走过去打了个招呼。当初的流浪汉很兴奋地说道:"那一天我离开你的办公室时还只是一个流浪汉,我对着镜子找到了自信,现在我找到了一份年薪3 000美元的工作。我的老板先预支了一部分钱给我的家人,我现在又走上成功之路了。"顿了顿,接着他又风趣地对作家说:"我正要前去告诉你,将来有一天,我还要再去拜访你一次。我将带一张支票,签好字,收款人是你,金额是空白的,由你填上数字。因为你使我认识了自己,幸好你要我站在那面大镜子前,把真正的我指给我看。"

哲学智慧

自信心是一个人做事情与活下去的支撑力量,没有了它,就等于自己给自己判了死刑。在这世界上,只有你自己才能帮助自己东山再起,也只有你自己,才能认识到自己的价值。一个自信的人,是既能欣赏自己又能完善自己,既自尊自重又自强不息,用行动去扼住命运喉咙的强者;自负的人,是眼中只有自己又不能把握自己,既自高自大又自命不凡,用语言去追逐人生长河中的浪花的弱者。有了自信,才能充分认识自己,使自己能够承受各种考验、挫折和失败,敢于去争取最后的胜利。

精彩故事 ❷

✱ 她曾遭遇了18次辞退

莎莉·拉斐尔是美国著名电台广播员。在她30年的职业生涯中,曾被辞退过18次,可是每一次她都放眼更高处,确定更远大的目标。她说:"我遭人辞退18次,本来大有可能被这些遭遇所吓退,做不成我想做的事情。但结果正相反,它们鞭策我勇往直前。"

在莎莉求职的最初阶段,由于美国的无线电台认为女性不能吸引听众,所以没有一家肯雇用她。她好不容易在纽约一家电台谋到一份差事,不久就遭辞退,说她跟不上时代。莎莉并没有因此而灰心丧气,她总结了失败的教训,又向国家广播公司电台推销她的节目构想。电台勉强答应了,但提出要她在政治台主持节目。"我对政治所知不多,恐怕很难成功。"她曾一度犹豫,但坚定的信心促使她大胆地去尝试了。

在对广播行业轻车熟路后,她利用自己的长处和平易近人的作风,大谈7月4日——美国国庆节对她自己有何意义,还邀请听众打电话来畅谈感受。听众立刻对这个节目产生了兴趣,莎莉也因此一举成名。

如今,莎莉·拉斐尔已成为自办电视节目的主持人,曾两度获奖。在美国、加拿大每天有800万观众收看这个节目。

哲学智慧

意大利艺术家达·芬奇指出:"挫折可以把人置于死地,也可以使人置之死地而后生。"英国诗人哥尔德斯密斯也曾说:"最大的光荣并不在于从来不摔跤,而在于每次摔倒后都爬起来。"成功者和失败者的区别就在于,失败者把挫折当作失败,失去再次战斗的勇气,结果只能屡战屡败;而成功者却把挫折当契机,利用挫折充实自己、完善自己、强大自己,只会越挫越勇,勇往直前。在我们生命的旅途中,一定会遇到各种挫折和困难。只要不放弃希望,心中有一个坚定的信念,始终相信自己,努力地去寻找,就一定会渡过难关。

精彩故事 3

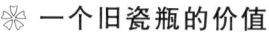

❋ 一个旧瓷瓶的价值

一个生长在孤儿院中的男孩悲观地问院长:"像我这样没有人要的孩子,活着究竟有什么意思呢?"

院长微笑着对他说:"孩子,你的想法不对,谁说没有人要你呢?"

有一天,院长亲手交给男孩一个旧瓷瓶,说道:"明天早上,你拿着这个旧瓷瓶到市场去卖,但不是真卖。记住,无论别人出多少钱,绝对不能卖。"

男孩迷惑不解地接下了这个旧瓷瓶。第二天,他忐忑不安地蹲在市场的一个角落里叫卖旧瓷瓶。出人意料,竟然有很多人要向他买那个旧瓷瓶,而且一个比一个出价高。男孩遵照院长的话,没有把旧瓷瓶卖掉。回去后,他兴奋地把这个过程报告给院长,院长笑笑,要他明天拿着这个旧瓷瓶到黄金市场去叫卖,但仍不能卖。在黄金市场,竟然有人出比昨天高十倍的价钱买那个旧瓷瓶,男孩拒绝了。

最后,院长叫男孩把旧瓷瓶拿到珠宝市场上去展示。结果,旧瓷瓶的身价又比之前涨了十几倍。更由于男孩怎么都不卖,这个旧瓷瓶被人们传扬成"稀世珍宝",参观者纷至沓来。

男孩兴冲冲地捧着旧瓷瓶回到孤儿院,他眉开眼笑地将发生的一切情景禀报给院长。院长亲切地望着男孩,徐徐地说道:

"生命的价值就像这个旧瓷瓶一样,在不同的环境下就会有不同的意义。一个很不起眼的旧瓷瓶,由于你的惜售而提升了它的价值,被说成稀世珍宝。你不就像这个旧瓷瓶一样吗?只要自己看重自己,自我珍惜,生命就有意义、有价值。"

哲学智慧

你可以不相信命运,不相信权威,不相信别人,但是,你不可以不相信自己。因为只有依靠自己,挖掘自己的潜能,你才可以改变自己,你才能主宰自己。人的一生中,会遇到许许多多的事情,有时一帆风顺,有时难免遇到坎坷。不管什么时候,你都应该保持一种良好的心态,珍爱自己,相信自己。相信自己不仅是一种信念,也是对自己的肯定。试想一下,如果你自己都不信任自己,又怎能指望别人来信任你呢?不管什么时候,你都要始终坚持这样的信念——相信自己!只有在相信自己的前提下,才能挖掘出自己的潜能,实现自己的梦想!

4. 相信自己,能够创造一切

一个人的成就,绝不会超出其信心所能达到的高度。坚定的信心,是伟大成就的源泉。不论才干大小、天资高低,成功都取决于坚定的信心。相信自己能成功,就一定能够获得成功。在许多成功者身上,都可以看到超凡的信心起到的巨大作用。这些事业取得成功的人,在自信心的驱动下,敢于对自己提出更高的要求,并在失败的时候看到希望,最终获得成功。大音乐家瓦格纳当年曾遭到同时代人的批评与攻击,但他对自己的作品很有信心,最后终于感动世人,一举成名。黄热病曾肆虐了许多世纪,因得病而死亡的人不计其数。但是一小队研究人员有信心征服它,他们在古巴埋头研究,终告胜利。

对自己有信心,对未来有信心,这是一个人生存的保证。它赋予思想以生命、力量和行动。信心是所有奇迹的基础,是所有不能用科学法则加以分析的神秘事物的基础。信心能把人们有限的心志所产生的思想转变为强大的精神力量。

精彩故事 1

❋ 一切皆有可能

有这样一则令人难忘的真实故事,主人公是一个生长于美国旧金山贫民区的小男孩,从小因为营养不良而患有软骨症,在六岁时双腿变成"弓"形,而小腿更是严重萎缩。然而在他幼小心灵中一直藏着一个除了他自己,没人相信会实现的梦——有一天他要成为美式橄榄球的全能球员。

他是传奇人物吉姆·布朗的球迷,每当吉姆所在的克里夫兰布朗斯队和旧金山四九人队在旧金山比赛时,这个男孩便不顾双腿的不便,一跛一拐地到球场去为心中的偶像加油。由于他穷得买不起票,所以只有等到全场比赛快结束时,从工作人员打开的大门溜进去,欣赏最后剩下的几分钟。

13岁时,有一次他在布朗斯队和四九人队比赛之后,在一家冰激凌店里终于有机会和心中的偶像面对面地接触,那是他多年来所期望的一刻。他大大方方地走到这位大明星的跟前,朗声说道:"布朗先生,我是你最忠实的球迷!"

吉姆·布朗和气地向他说了声谢谢。这个小男孩接着又说道:"布朗先生,你晓得一件事吗?"

吉姆转过头来问道:"小朋友,请问是什么事呢?"

男孩一副自若的神态说道:"我记得你所创下的每一项纪录,每一次的布阵。"

吉姆·布朗十分开心地笑了,然后说道:"真不简单。"

这时小男孩挺了挺胸膛,眼睛里闪烁着光芒,充满自信地说道:"布朗先生,有一天我要打破你所创下的每一项纪录!"

听完小男孩的话,这位美式橄榄球明星微笑地对他说道:"好大的口气。

孩子,你叫什么名字?"

小男孩得意地笑了,说:"奥伦索,先生,我的名字叫奥伦索·辛普森。"

奥伦索·辛普森日后的确如他少年时所说的那样,在美式橄榄球场上打破了吉姆·布朗所创下的所有纪录,成为人们熟知的超级明星。

哲学智慧

对于任何一个人来说,要想把看不见的梦想变成看得见的事实,首先要做的事便是树立自信。正如居里夫人所言:"自信,是迈向成功的第一步。"自信,是我们每个人产生动力的源泉,也是使我们彻底改变人生的伟大力量;同时,自信更是我们的权利。所以,不要有恐惧,你认为自己行就行,精诚所至,金石为开。相信自己,再加上切实的行动和不懈的努力,成功之门就会向你敞开。如果没有自信心的话,你永远不会有快乐。从"丑小鸭"到"白天鹅"的飞跃所需要的唯一的东西就是自信心。自信心使人如虎添翼。人类最不可弥补的损失就是丧失自信心。

精彩故事 ❷

※ 钢铁是怎样炼成的

《钢铁是怎样炼成的》是奥斯特洛夫斯基在全身瘫痪、双目失明后创作的。

奥斯特洛夫斯基是一名红军战士,他在一次战斗中受了重伤。由于受伤过重和忘我工作,再加上接连生了伤寒和风湿病,奥斯特洛夫斯基的身体糟透了,长期躺在病床上。

疾病一寸寸蚕食着奥斯特洛夫斯基的身体,他不能动弹,视线也变得模糊了,但是,他依然有着坚强的意志。奥斯特洛夫斯基决定用新的武器——写作来战斗。

因为只上过小学,所以,写作对奥斯特洛夫斯基来说是一件很困难的事情。为了充实自己,他顽强地克服了疾病所造成的一切困难,拼命读书。人们都叫他"发狂的读者"。

1930年,奥斯特洛夫斯基的双眼完全失明了,胳膊除了肘部以下部分还能勉强活动外,全身都不能动弹。在经过3年的准备后,奥斯特洛夫斯基咬紧牙关,开始创作《钢铁是怎样炼成的》。他每写一个字,都异常艰苦,哪怕一次轻微的活动,关节都会疼得厉害。奥斯特洛夫斯基以顽强的毅力忍受着这种痛苦,不断地写着。因为看不见,摸索着写出来的字简直没法认:不但字写得歪歪倒倒,而且字上叠字。后来他想出一个办法:用厚板纸刻出一行行空格,他沿着空格写,字就不会重叠了。为了尽早将书稿写完,他不分白天黑夜地写。有时,为了忍受剧烈的疼痛,他把嘴唇都咬出血来,却从未想过要停止写作。

经过两年多的艰苦创作,1934年,《钢铁是怎样炼成的》这部伟大的著作终于胜利完成。

哲学智慧

"宝剑锋从磨砺出,梅花香自苦寒来。"爱迪生经历过一万多次的失败,才发明了灯泡,而沙克也是在适用了无数介质,才培育出小儿麻痹疫苗。斯巴昆说:"有许多人一生之伟大,来自他们所经历的大困难。"困难之下,我们觉得就要失败了,永远不可能成功了,但是有太多的例证告诉我们事实恰好相反。

面对困难,要学会欣然拥抱,而不是设法逃避。困难迫使我们向前进,否则我们将后退。它引导我们通过考验,获得成功。未经困难,无法得到任何有价值的东西。简单的事情每个人都做得到。每一个成功的人,在生活中都要经过一番奋斗。人生是不断奋斗的过程,勇于面对困难,继续迎接下一个挑战的人,就是最后的赢家。

第四章

面对困难一定要有颗勇敢的心

笔直平坦的人生路是不存在的。一个人今天行走在直路上,明天则可能走在弯道上。我们在遇到困难和身处逆境时,不要茫然无措、灰心丧气,也不要因一时的挫折就轻言放弃,而要坚决相信:风浪后面将是平静的海洋,坎坷后面将是平坦大道。

1. 在挫折面前决不低头

> 那些能将我杀死的事物,会使我变得更有力。
>
> ——[德]弗里德里希·尼采

在人生的征途中,挫折总会时常出现,挫折感的强烈程度和持续时间,与人的性格、期望值、修养与学识有关。由于年龄尚浅,社会阅历不足,思维方法简单,青少年更容易感受到挫折。

富有人生经验的智者告诉我们:挫折是生活中的组成部分,虽然我们不欢迎挫折,不喜欢挫折,但又总是躲避不开它。所谓"一帆风顺""万事如意"往往只是人们的良好希冀而已。在挫折面前,有的人迎头抗争,愈挫愈勇;而有的人却灰心丧气,一蹶不振。很显然,能够战胜挫折,最终走向成功的只能是前者。纵观古今,许多著名的政治家、文学家和科学家大都是从逆境中、坎坷中磨砺过来,无不经过无数次的挫折甚至失败。正所谓"宝剑锋从磨砺出,梅花香自苦寒来"。试想,如东逝流水的生命,若流淌在平坦的河床上,水势必定平直,所以,只有迎向暗礁,生命之水才会激起灿烂的浪花。

如果人生遭遇了挫折,那不是命运的不公,而是成功对勇敢者的考验;如果失败来到了面前,那不是希望的消失,而是胜利向有志者发出的呼唤。

精彩故事 1

❋ **屡战屡败,不放弃便不会被打垮**

伟大的希腊演说家德谟克利特因为口吃而羞怯。他父亲留下一块土地,想使他富裕起来,但按当时希腊的法律规定,他必须在声明土地所有权之前,在公开的辩论中战胜所有人。口吃加上害羞使他惨败,结果丧失了这块土地。从此他发奋努力,创造了人类前所未有的演讲高潮。历史忽略了那位获得财产的人,但好几个世纪以来,世界各地的学童都在聆听德谟克利特的故事。不管你跌倒多少次,只要再站起来,你就不会被击垮。

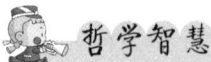 **哲学智慧**

失败后继续努力,你就会成功。

不要因失败而变成一个懦夫,而应面对挫折,奋勇向前。当尽了最大的努力还是没有成功时,也不要放弃,而应该开始另一个计划。曾任美国总统的柯立芝写道:"世界上没有一样东西可以取代毅力,只有具备毅力和决心才能无往而不胜。"

当你继续迈向高峰时,必须记住:每一级阶梯都供你踩足够的时间,然后再踏上更高一层。我们在途中难免会疲倦与灰心,但就像世界重量级冠军詹姆士·柯比常说的:"碰上困难时,你要再战一回合才能得胜。"每一个人都有无限的潜能,但除非你知道它在哪里,并坚持用它,否则毫无价值。世界著名的大提琴演奏家帕柏罗卡沙成名之后,仍然每天练习6小时。有人问他为什么还要这么努力。他的回答是:"我认为我正在进步之中。"

唯一蝉联三次世界篮球冠军的天才教练蓝柏第有一次说:"任何一位有作为的人,不管怎样,最后他的内心一定会感谢刻苦的工作与训练,他一定会衷心向往训练的机会。"

精彩故事 ❷

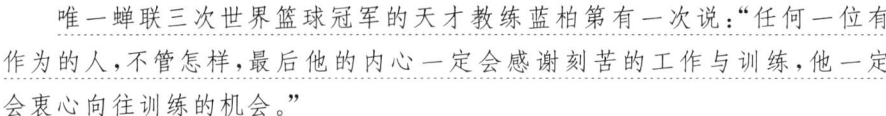

❀ **努力战胜"我不行"这个敌人**

百万富翁欧·杰·辛普森曾遇到一个敌人——"我不行",但他战胜了这个敌人。

辛普森降生在圣弗兰西斯科的下层区。他的家里一贫如洗,他小时候得了软骨病,疾病使他的腿变形,足向内翻,小腿异常细弱,所以他5岁前腿上都戴着矫形器。

他曾参加街头帮伙,不久就被抓住了。在监狱里待了6个小时之后,他说:"我学会了一件事——我永远也不想再回到这儿来了。"

有一次,他被邀请与其他一些穷孩子一起到威利·梅斯的家里玩一天。

梅斯是圣弗兰西斯科巨人棒球队运动员,他告诫这个孩子应该努力奋发,将他的能量用到体育运动上,而不应该在哥们帮中空耗时日。

他开始工作了。为了帮家里挣钱糊口,他到街头卖报,去河里捕鱼,上铁路货场帮人卸货,进商店给人打杂。

在学校他练习踢足球,他打算上大学,逐渐成为一名非常出色的运动员。他被邀请加入了职业球队,并成为全国最著名的球星之一。现在他作为演员和商人,已是腰缠万贯。

哲学智慧

辛普森碰到了你我同样会遇到的问题——也许他所面临的处境比任何人都糟糕。但他并没有说"我不行",也没有说"我为什么要去尝试呢"?他决定去闯荡,结果赢得了成功。

我们每个人都会遇到这个敌人。我们会这样想:"我确实不行,我没有他那种天赋,也没有他那样的机会。"我们看看自己,再把自己与那些人比一比,那些成功的、富有的和快乐的人们。我们会这样说:"我是个小人物,他们才是大人物。"

我们以为别人生来就伟大,生来就成功,本来就是幸运儿。我们以为别人是"天生的"好学生或好职员,以为别人自然而然就有了美满的生活。但是我们好像忘了:他们也曾经是无名小卒,他们也曾无数次失败过。

所有的大人物都曾经是小人物,都不得不奋斗,不得不拼命工作,不得不去战胜"我不行"这个敌人。我们每一个人几乎都站在同一条起跑线上。如果你说"我不行",那么在迈步之前你就已经落后了。

我们只要勇于与"我不行"抗争,就完全能战胜这个敌人,而成为成功的主宰。

2. 不怕失败比渴望成功更可贵

一颗高尚的心应当承受灾祸而不是躲避灾祸,因为承受灾祸显示了意志的高尚,而躲避灾祸则显示了内心的怯懦。

——[意大利]彼得罗·阿雷蒂诺

有些通常被视为失败的事,其实不过是暂时的挫折而已,这种暂时的挫折实际上是一种成功的垫脚石。因为它可以使我们振作起来,使我们向着正确的方向前进。只要对一些伟人的传记生平加以研究,我们就不会恐惧和逃避生活的考验,因为他们每个人都是经历了许多磨难和打击,最后才功成名就的。

大千世界,万千众生,人立于其间。每个人的一生都会有许多坎坷,成功者并没有超常的智能,也不是不曾败过,而是自信必将战胜挫折,迎来成功,甚至可以说,成功者大都是经历失败最多的人。

在失败面前,并不是每个人都能成功的;也有不少人不畏失败,跌倒后爬起来再勇敢地奋进,而结果却是悲壮地屡战屡败。

屡战屡败者的成功处方就是:认真地对待你的每一次失败。

面对失败,我们要痛定思痛,找出自己失败的原因,在下一次奋进中引以为戒。千万不要好了伤疤忘了疼,甚至自虐般地流着鲜血还不知道痛。这样下去,总有一天,你会因伤痛累累或失血过多而变得无力拼杀,只能扼腕叹息,悔恨终生。

精彩故事 1

❄ **失败不可怕,可怕的是对自己失望**

美国浪漫主义小说最重要的代表作家赫尔曼·麦尔维尔,其作品《白鲸》于1851年被退稿。退稿信上讲:"十分遗憾,我等一致反对出版大作,因为此小说根本不可能赢得广大青少年读者的青睐。作品又臭又长,徒有其名而已。"

美国19世纪最杰出的大诗人沃尔特·惠特曼,其作品《草叶集》于1855年被退稿。退稿信上写:"窃以为出版大作当属不甚明智之举。"

法国著名小说家福楼拜,其作品《包法利夫人》于1856年被退稿。退稿信上写着:"整部作品被一大堆甚为精彩但过于繁复累赘的细节描写所淹没。"

英国第一位荣获诺贝尔文学奖的名作家约·罗·吉卜林,他的《无题》于1889年被退稿。信上说:"很抱歉,吉卜林先生,您根本不知道怎样使用英语写作!"

美国著名批判现实主义作家杰克·伦敦,他的《生活之法则》于1900年被退稿。信上写:"令人生畏,使人沮丧。"

我们知道儒勒·凡尔纳,不仅是著名作家,而且是科幻小说之父。可他的第一部科幻小说《乘气球五周记》投稿之后,竟被退稿15次,气得他差一点把稿子投进壁炉烧掉。

世界短篇小说大师莫泊桑在他的成名作《羊脂球》发表之前,已经写了多少没有发表的作品呢?其稿子累积起来足有写字台那么高。

哲学智慧

失败不可怕,可怕的是对自己失望。所有的伟大人物都是从来不对自己失望的人,惠特曼、福楼拜等都是这样的人。

大凡弄文学、爬格子的新手大多患有不同程度的"退稿恐惧症"。其实世界上许多名家的传世或畅销之作,起初也难逃被退稿的厄运。如果你不怕退稿,坚持不懈,那就是走向成功了。

精彩故事 ❷

❋ 如果害怕失败,历史上不会有他

丘吉尔的伟大成就是举世公认的,但很少有人知道他在学生时代的学业却没有什么成就。他每科成绩都差,唯有作文曾得到过老师的赞赏。毕业时,老师们对他已经"盖棺定论",公认他以后不会有什么出息。父亲见他不行,只好送他到军校,随后他便从军了,随军到过印度、古巴等许多地方。他进不了大学深造,但军队却成了他开阔视野、增长见识的大学。于是他明确了自己的志向,一头闯入了政治领域。

和平时期,谁提出战争的警告,谁就最容易成为不受欢迎的人。丘吉尔就吃过这种苦头。当希特勒抓军队时,丘吉尔喊出战争的危机,英国的政客们一笑了之。当德军侵入奥地利,英国首相张伯伦与希特勒签署了以牺牲

捷克斯洛伐克换取欧洲和平的《慕尼黑协议》，得意扬扬地向英国人民宣布：战争不会发生了！但丘吉尔却警告说，战争快要来临了！政客们对他一怒斥之。丘吉尔竞选失败，因为他坚持己见，引起公愤，以至于被报纸指责为"缺乏谨慎和判断力"。

丘吉尔的远见卓识竟被一些因循守旧、苟且偷生的人当成了一文不值的垃圾。这种失败足以使一个人垂头丧气或是气得发疯，可是丘吉尔依然衔着雪茄，悠然自得，还跑回家乡的别墅度假去了。他兴致勃勃地画画、看书、写作，好像他从未失败过似的。第二次世界大战爆发了，人们才想起丘吉尔这个不受欢迎的人。他是唯一能在和平时刻洞察战争危机的人，只是他的预言和警言被世人领悟得太晚了。1940年丘吉尔崭露头角，最终当上了英国首相。

哲学智慧

丘吉尔成为战时的民族英雄，杰出的政治家，他以其精辟的演讲振奋了英国军民的士气，和苏美等国一起战胜了法西斯。这就是一个遭受多次失败的人所创造的奇迹。如果他害怕失败和孤立，历史上便不会有一个丘吉尔。我们要学习他的这种精神，不怕失败，勇于坚守自我，成就一个独一无二的"存在"。

3. 走过去，前面是片艳阳天

最困难的时候，也就是离成功不远的时候。
——[法]拿破仑

伟人最明显的标志，就是其坚定的意志，不管环境变化到何种地步，他的初衷与希望，仍不会有丝毫的改变，终至克服障碍，达到所企望的目的。

有些人总以为在乱石尽头就是悬崖峭壁，不曾想走过去却是峰回路转，豁然开朗；有些人总以为在雷电过后就是疾风骤雨，不曾想暴雨过去却是碧空如洗，风和日丽。所以，在船行不顺时要想到风和逆转；在大雪封山之时要想到雪过天晴。

当我们不止一次地用目光重新审视人类曾经走过的历程后会发现,人类总是在冲出困境、付出代价之后,才赢得新的文明的到来。

我们作为这个世界的一员,又何尝不是如此呢?生活本来都是以其固有的法则,无一例外地赐给人们各种不幸和困境,人们又总是在转逆为顺的搏击中,获得人生的一种滋味、一种回报、一种境界。

当你身陷囹圄、横遭不幸的时候,当你遭到打击、疾病缠身的时候,你能否扼住命运的咽喉,冲出困境?生活的经验告诉我们,不是所有的人都能从失败和不幸中走出来。正因为如此,生活中才有强者和弱者之分。生活的常识还告诉我们,生活中的强者和弱者,并非是命运之神的安排和捉弄,而是在于人的心灵的力量。

一个善于生活的人,必定善于面对生活中的困境和不幸。也许,对于那些经历了许多风风雨雨的人来说,会更深刻地体味出其中滋味——勇敢地走过去,前面是片艳阳天。

精彩故事 1

❋ 不要被失败的阴影遮住双眼

1970年,美国有一位默默无闻的化学研究员,名叫罗伊·波兰克,他在离开学校之后,经过多次甄选,进入了著名的杜邦公司,担任实验室研究员。

当时,杜邦公司正在进行一项新物质的实验工作,由于实验室中同事的疏忽,未能将该项实验物质的加热温度控制在规定标准之内,以致温度过高,造成试管内的新物质因过度加热而挥发。

实验失败了,同事们依照正确的作业程序,欲将新物质已挥发的试管丢弃。细心的罗伊·波兰克却拿着烧黑了的试管,在天平上称了称重量。罗伊·波兰克发现,试管内的物质虽然已经挥发,但试管的重量却明显地增加了许多。

有了这个发现,罗伊·波兰克决定深入地加以研究,希望能有所发现。可是试验多次后仍然一无所获,接连的失败使罗伊·波兰克几乎绝望了。他回到家里一句话也不说,甚至连饭也不吃。

妻子理解罗伊·波兰克此时的心情,她鼓励丈夫说:"如果你坚持下去,总有一天会成功的。"

在妻子的鼓励和支持下,罗伊·波兰克终于在试管内找到了一种奇特的透明塑胶成分。这种透明塑胶居然能够承受不可思议的高温,而不会导致化学结构的改变,也就是说,它可以耐高温而不会产生毒性。

罗伊·波兰克发现的奇特透明塑胶成分,就是今日大量被应用在日常生活中的"特氟龙"。这项发明的专利,为罗伊·波兰克带来了巨大的财富,同时亦让他名扬全球,更促成了难以计数的新产品问世。

罗伊·波兰克终于成功了,他终于实现了多年来梦寐以求的愿望。在一次与观众谈话时,罗伊·波兰克激动地对妻子说:"是你给了我勇气,是你帮助我实现了我成功的愿望!"妻子高兴地说:"每个人都是从失败中走向成功的,如果没有你从前的失败,可能就不会有今天的成功。"

哲学智慧

每个人都是从失败中走向成功的,如果没有曾经的失败,可能就不会有现在或将来的成功。

失败虽然能给人沉重打击,但只要勇敢面对,积极从失败中汲取经验,失败就可能成为你再次崛起的支点。咬一咬牙,走出失败的阴影,前面必然是一片艳阳天。

精彩故事 2

❋ 咬紧牙,奇迹就会发生

美国作家马尔柯姆·爱克斯应《星期六晚邮报》之邀,坐在纽约列克星敦大道的镶木办公室里修改他的自传的时候,他的心情十分激动、兴奋。他不能忘记出版《星期六晚邮报》的古尔蒂斯出版公司的前总裁博伊斯先生对他父亲西蒙·亚历山大·哈利的善举,他的慷慨善举改变了他父亲的命运,也因此改变了他一家的命运。想到这儿,他忍不住哭了起来。他的脑子里总是浮现父亲一遍又一遍给他们讲述的那个故事:

爱克斯的父亲哈利是家中的老八。当时,全家过着佃农般的黑人劳动生活。为了让哈利上中学,他的父亲,也就是爱克斯的爷爷,把用血汗挣来的50美元交给哈利,让他离开家乡去念书。哈利来到杰克逊城,由于他的不懈努力,终于考上了兰恩大学预科。但是,他兜里的50美元很快花完了。为了继续求学,哈利做服务生、勤杂工,并在一所残疾人学校做帮手。到了寒冬腊月,他凌晨就起床,赶往富人家去生炉子。哈利在学校穷出了名,但他从未因此而放弃学习;相反,人们常常发现,大家都睡了,哈利还在学习。

为了挣钱学习,哈利付出了极大的代价。但他始终坚持着读完预科。接着,他考取了大学,在贫困中挣扎着度过了大一、大二。在大二学科结束的时候,哈利被叫到办公室,被告知他有一门不及格。这只因为他穷得买不起这门课的教材!

就在这时,一种挫败感袭入他的心中,他感到自己不行了,再也坚持不住了,他甚至想自己是否应该悄然回家。然而他很快就否定了这种想法,他坚信,咬紧牙挺过去,奇迹就有可能发生。这时,他收到普奈曼铁路公司的一封信,说他在几百名应聘的黑人学生中有幸进入24名获聘者名单。他高兴地跳起来了,他可以在暑假里通过打工而获得继续读书所需要的费用。

他被分配到布法罗至纽约的一列火车上。就在这一夜,奇迹出现了。

哈利来到需要服务的卧铺车厢,一位气度不凡的年迈男子说:"我和妻子都睡不着觉,想喝一杯热牛奶。"哈利马上用银质托盘端来了两杯热牛奶和餐巾。按公司规定,列车员除了说"是,先生"或"不,太太"外,严禁和旅客谈论任何话题。可这位年迈的男子不停地问东问西,还跟着哈利来到列车员值班的小间。他问哈利是哪个地方的人,夸他的英语讲得不错,又问他此前都干过什么。哈利告诉他自己是大学生。年迈的男子敏锐地打量着哈利,说了句祝福顺利的话,便回到自己的卧铺。在当时一次给50美分的小费就算相当大方的了,而那位年迈的男子却在次日一早递给哈利5美元的小费!

没过几天,他刚进校门,就被院长叫到办公室。院长说那里有一封信,接着问他是否有天晚上在火车上遇见个人,并为那人端过热牛奶。哈利肯定地说:"是的,先生。"然而,心里却像揣着个小兔子似的忐忑不安。院长告诉他:"他叫R.S.M.博伊斯,是出版《星期六晚邮报》的古尔蒂斯出版公司的前总裁,现已退休。他向你捐赠500美元,作为整个学年的学费、膳食费和书本费。"

听了这话,哈利惊呆了。这突如其来的捐赠,就像及时雨,不仅使哈利得以完成学业,而且使他成为全班最先毕业的学生。更重要的是,由于他学习成绩优异,获得了康乃尔大学攻读硕士学位的全额奖学金。

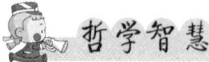

哈利得到博伊斯的捐赠是偶然的机遇。但是这种偶然事件中也有其必然的因素。试想,倘若哈利在他身心交瘁的时刻放弃自己多年的艰苦奋斗,他就不可能碰上这样的机遇,也不可能因此而改变自己的命运,更谈不上改变自己家庭的命运了。

许多人的成功并不是因为他们有多聪明、多智慧,而是由于他们坚持了一般人不能坚持的东西,正是这股力量促成了他们的"鱼跃龙门"、与众不同。

精彩故事 3

※ **失败的极限是成功的起点**

凡尔纳是一位世界闻名的法国科幻小说作家,但很少有人知道凡尔纳为了发表他的第一部作品,曾经遭受过多么大的挫折!

这里记录的就是凡尔纳当时的一段令人难忘的经历:

1863年冬天的一个上午,凡尔纳刚吃过早饭,正准备到邮局去,突然听到一阵敲门声。凡尔纳开门一看,原来是一个邮递员。

邮递员把一包鼓鼓的邮件递到了凡尔纳的手里。一看到这样的邮件,凡尔纳就预感到不妙。自从他几个月前把他的第一部科幻小说《乘气球五周记》寄到各出版社后,收到这样的邮件已经是第15次了。

他怀着忐忑不安的心情折开一看,上面写道:"凡尔纳先生:书稿经我们审读后,不拟出版,特此奉还。"

每看到这样一封退稿信,凡尔纳都是心里一阵绞痛。这次是第15次了,还是未被采用。

凡尔纳此时已深知,那些出版社的"老爷"们是如何看不起无名作者。

他愤怒地发誓,从此再也不写了。

他拿起手稿向壁炉走去,准备把这些稿子付之一炬。凡尔纳的妻子赶过来,一把抢过书稿紧紧抱在怀里。

此时的凡尔纳余怒未息,说什么也要把稿子烧掉。

他妻子急中生智,以满怀关切的语气安慰丈夫:"亲爱的,不要灰心,再试一次吧,也许这次能交上好运的。"

听了这句话以后,凡尔纳抢夺书稿的手,慢慢放下了。他沉默了好一会儿,然后接受了妻子的劝告,又抱起这一大包书稿到第16家出版社去碰运气。

这次没有落空,读完书稿后,这家出版社立即决定出版此书,并与凡尔纳签订了20年的出书合同。

没有他妻子的疏导,没有"再试一次"的勇气,我们也许根本无法读到凡尔纳笔下那些脍炙人口的科幻故事,人类就会失去一份极其珍贵的精神财富。

哲学智慧

凡尔纳的成功源自于他对失败的承受力,源自于他的"再试一次"的勇气,正是这种不惧失败、敢于"再试一次"的勇气成就了凡尔纳,成就了一位大作家。

凡尔纳的故事告诉我们:一个人,如果在失败之后,不去挖掘自己潜在的力量,不去重新奋战,那么等待他的还会是失败。只有在失败后发现自己真正的能量并继续拼搏的人,才能获得成功。

第五章

奋斗进取,在逆风中起舞

一生平安、吉祥如意是人生最大的祈求。然而,良好的愿望并不能代替现实,顺境与逆境总是结伴而行。顺境,人之所求,却无法有求必应;逆境,人之所畏,却往往不期而遇。对于强者来说,逆境是上天给他的最宝贵的财富,挫折则更是人生一所最好的大学。古今中外,大智、大才和大德者,都是在逆境中奋斗、在挫折中进取,才创造出了伟大的功绩。如司马迁受宫刑而著《史记》,贝多芬晚年失聪而谱《命运》。所以,奋斗进取、在逆风中起舞是人生达到成功的必要条件。

1. 拼搏着从挫折中获取力量

困苦能孕育灵魂和精神的力量。

——[法]维克多·雨果

人的整个一生可以说就是一所磨炼的大学校,那些伟大人物无一不是苦难的学徒,无一不是历尽千辛万苦才成就辉煌的。苦难往往最能锤炼和磨砺人的性格。苦难也往往能激起人们行动的勇气。

唯有艰苦奋斗才是胜利的条件。没有困难,也就没有努力奋斗的需要;没有痛苦和不幸,也就不会受到忍耐和顺从的熏陶。因而,艰难、困苦和不幸一点也不邪恶,却往往是力量、纪律和美德的最好源泉。

正如有时日食衬托出彗星一样,英雄也因突然降临的灾难而崭露头角或脱颖而出。在某种情况下,天才如同生铁需要燧石敲打一样,也需要突然而激烈的苦难才能使他们性格得以完善;而在安逸的环境中,这些性格却易于枯萎和凋谢。

激励人们自力更生、艰苦奋斗的苦难对人是有百利而无一害的,这远比漠然、散漫、慵懒地打发时间强。因此,使人经受考验并从中受益的不是舒适和安逸,而是磨难和困境。苦难往往是经过化装了的幸福。"黑暗并不可怕,"一位波斯圣哲说,"或许它隐藏着生命之水的源头。"苦难往往是令人心酸的,但它是有益于身心的,唯有经过它的教导,我们才能够学会承受,才能够变得坚强。品格通过苦难变得完美,最高尚的品格是通过苦难磨炼出来的。一个富有耐心而又善于思考的心灵,从哪怕是极度的悲伤中所获取的智慧也要比欢乐中产生的智慧要丰富得多。

精彩故事 1

❋ 在反击挫折中汲取力量

每个人都认为默克药厂业务副总裁乔·婕曼是成功的典范,因为她掌管

了该厂最成功的分公司；然而，她一路走来并不平顺。

她在22岁那年结婚，婚姻却仅仅维持了11个月；她是家族中第一位离婚的人，每位亲友都认为这是她人生中的一大挫败。结束婚姻后，由于前夫债台高筑，让她一贫如洗，她只好身兼三份工作，却还无法平衡收支。

"当时虽然很苦，不过，却让我更加了解自己；那时的我方才晓得，唯有角色定位清楚，才能做真正的自己。"她回忆道。

在那段黑暗时期里，婕曼在默克药厂担任业务代表，她说："当时我一直以为自己无法胜任那份工作，尤其是那份工作得到处跑，让我好害怕。但我也知道这是新的开始，那是决定性的一刻，要么就接下这份工作，要么就放弃一切。"

一路坎坷走来，她对逆境下了一个结论："逆境带给我最重要的启示是：它会让我感到极不舒坦，逼得我不得不重新审视自己的所作所为。"

哲学智慧

诗人爱默生曾经写道："唯有在深沉夜色之中，才得以见到星光灿烂。"

勇气及自觉唯有在最困难的时刻才会大绽光彩。逆境来时，我们仿佛被推进了永远无法逃脱的黑暗；可是，处境愈是黯淡，星辰就愈会出现，它的光芒会为我们照亮前进的道路。婕曼的成功告诉了我们，挫折是我们成功的前奏，逆境是成功的力量。我们要抓住这样的每一个化了装的"机会"，激励自己，走向成功。

精彩故事 ❷

❀ **正确面对失败，成功就在前面等着你**

战国时，苏秦自幼家境贫寒，温饱难继，读书自然是一件很奢侈的事。为了维持生计和读书，他不得不时常帮别人打短工，后又离乡背井到齐国拜师求学，跟鬼谷子学纵横之术。

一段时间之后，苏秦自认为已经学业有成，便迫不及待地告师别友，游

历天下,以谋取功名利禄。一年后不仅一无所获,自己的盘缠也用完了。没办法再撑下去,于是他穿着破衣、草鞋踏上了回家之路。

到家时,苏秦已骨瘦如柴,衣服破烂肮脏不堪,满脸尘土,与乞儿无异。

妻子见他这个样子,摇头叹息,继续织布;嫂子见他这副样子,扭头就走,不愿做饭;父母、兄弟、妹妹不但不理他,还暗自讥笑他说:"本该是安分于自己的产业,努力从事工商,以赚取十分之二的利润,现在却好,放弃这种本应从事的事业,去卖弄口舌,落得如此下场,真是活该!"

这番话令苏秦无地自容,惭愧而伤心。他关起房门,不愿见人,对自己做了深刻的反省:"妻子不理丈夫,嫂子不认小叔子,父母不认儿子,都是因为我不争气,学业未成而急于求成啊!"

他认识到了自己的不足,又重振精神,搬出所有的书籍,发愤再读,并从这些书中捡出一本《阴符经》,用心钻研。

他每天研读至深夜,每当要打瞌睡时,就用锥子扎自己的大腿一下,让自己猛然痛醒,保持苦读状态。他的大腿因此常常是鲜血淋淋,惨不忍睹。

家人见状,心有不忍,劝他说:"你一定要成功的决心和心情可以理解,但不一定非要这样自虐啊!"

苏秦回答说:"不这样,我会忘记过去的耻辱;唯有如此,才能催我苦读!"

经过血淋淋的一年"痛"读,苏秦终于创立了"合纵"论,并以此说服了六国国君,联合抗秦,赢得了六国十余年的和平局面。

哲学智慧

怎样面对失败,怎样认识失败,怎样摆脱失败的阴影以及怎样把失败变为成功,是每一个追求梦想的人士都必须面对的问题。苏秦的成功就在于他正确认识并解决了这些问题。

不能正确地面对失败,便不可能走向成功;不能正确地认识挫折,便不可能有所成就。

只有在经历了失败和挫折之后,能正确认识到问题的症结并能解决,才会取得辉煌的成绩。

精彩故事 ❸

❋ 跌倒了爬起来,决不认输

在西西里时,安东尼7岁就当了一位裁缝师的学徒,学做裁缝。7年的学徒生涯过后,他终于获准和他的母亲一起回到美国,而他父亲和其他家人则在稍后也一起移民美国。

安东尼一向都非常独立。他们一家到了美国后定居密歇根,安东尼进入当地一所高中就读,放学后还到各家裁缝店打工。当他16岁时,父亲在工厂工作时受了伤,无法继续工作,安东尼只得辍学。他找了一份周薪37美元的工作,但对家庭的困境缓解不大。到了18岁的时候,他决定自己开店。但是凭一己之力站稳脚跟是很艰难的。他做了两年后,又转手卖了出去。

店卖出去以后,有一阵子他在别的裁缝店里工作,接着他决定再度自行开店。于是他和弟弟及其他几个合伙人共同买下了一间礼服店。他投资了8万美元买进存货,但接下来发生的许多不幸的事似乎在对他说:"你靠自己是办不到的,放弃这个想法吧。"让我们看看发生的这些事吧:在安东尼即将开业的前一天晚上,一群小偷击穿了隔壁店的墙壁,结果价值8万美元的存货就这样不翼而飞;他再次进货,却在大火中付之一炬;一个狡诈的保险经纪人未将安东尼支付的第一期保险费的支票交给保险公司,结果等于没有保险的记录;更令人沮丧的是,可以证明公司存货内容和价值的一位重要证人也去世了。

就像人们说的,那时安东尼真是够受的了。他再度到别的裁缝店工作,但没有多久,他那渴望拥有自己事业的欲望又在蠢蠢欲动,他始终相信:"跌倒了,就爬起来,最终一定可以双脚稳稳站住。"

于是他第三度开了一家裁缝兼礼服出租店,这次是和他的朋友一起开的。但为了能够真正拥有一家店,不久他就买下了他朋友的股份。这次他决定多听别人的意见,但在一些大方针上,他要确定是他自己所做的决定。因为如果他跌倒了,他是自己跌倒的;如果他站起来了,他也是自己站起来的。他联想到一首歌的歌词:"重拾你的信心,把身上的灰尘掸掉,一切从头开始。"

他说:"那首歌简直就是在说我。那是追求独立自主唯一的方法,至少对我是如此。"而今安东尼在他的专业领域里已经攀登上了顶峰,"法兰克礼服出租店"在底特律都会区有着相当大的市场占有率。

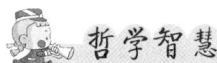

哲学智慧

"跌倒了爬起来,在失败中求胜利。"这是历代伟人的成功秘诀。有人问一个孩子,你是怎样学会溜冰的?那孩子回答说:"哦,跌倒了爬起来,再跌倒,再爬起来就学会了。"安东尼屡战屡败而又屡败屡战,最后获得了成功。他的故事告诉了我们:跌倒不算失败,跌倒了爬不起来才是失败。

爱默生说过:"伟大高贵的人物最明显的标识,就是他坚定的意志。不管环境变化到何种地步,他的初衷与希望,仍然不会有丝毫的改变,而终至克服障碍,以达到所企望的目的。"

失败是对一个人人格的考验,在一个人除了自己的生命以外,一切都已丧失的情况下,看看他内在的力量到底还有多少。没有勇气继续奋斗的人、自认失败的人,他所有的能力便会全部消失。而只有毫无畏惧、勇往直前、永不放弃人生理想的人,才会在自己的生命里有伟大的进展,才会走上更高的目标。

2. 在逆境中磨炼自己

困难与折磨对于人来说,是一把打向坯料的锤,打掉的应是脆弱的铁屑,锻成的将是锋利的钢刀。

——[俄] 巴甫洛维奇·契诃夫

在人生旅途中,失败虽在所难免,但并不可怕,关键是要从中汲取教训。所以,有人把失败看作成功路上的拦路虎,有人却在失败的苦果中酿造了成功的甘甜。

没有人能给生活贴上永久顺利的标签,但面对逆境的选择却依旧不同。

懦弱者尽尝烦恼,度日如年;畏难者磨去锐气,把逆境作为安逸的摇篮;有志者自强不息,面对似乎是毫无希望的境遇,在逆境的荒野上开垦孕育出沃土。

逆境不仅能培养人的各种品质,而且能使现代人的素质的重新组合速度加快,并产生新的素质组合的合力。

我们并非要宣传逆境优于顺境,鼓励提倡大家都去身处逆境,也不是说身处逆境者的时效利用一定高于身处顺境者。而是说,不要把逆境绝对地都视为一种坏事,只要我们能正确地对待它,坏事可以转化为好事。

精彩故事 1

❈ 在餐馆洗盘子的博士

台湾的范光陵先生,在美国获得斯顿豪大学的企业管理硕士、犹他州立大学的哲学博士,后来又专攻电脑,他的著作《电脑和你》畅销于台湾和东南亚。他在国际上奔走呼号,推动成立了国际电脑协会,召开电脑国际会议,到处发表关于电脑的演讲。由于他在这方面的贡献,泰国国王亲自向他颁发电脑成就奖,英国皇家学院也授予他国际杰出成就奖。

可就是这样一个人物,却是历经磨难才走向成功的。刚到美国时,他是靠打工吃苦才熬下来的。他曾在一家叫汤姆·陈的餐馆做一份打杂的活。倒垃圾、刷厕所、洗盘碗、切洋葱、剥冻鸡皮……每天像个陀螺一样忙得团团转。餐馆里的人大大小小全是他的上司:大厨、二厨,连杂工都是上司,谁都可以对他指手画脚,动辄训斥或随意作弄。他在两年里打过各种各样的工——洗盘碗、收盘碗、做茶房、端茶送水、卖咖啡、做小工、做收银员、售货员……

他曾穷到口袋里没有一分钱,整天只喝清水,咽面包屑,但他仍然不停地思考着,摸索着,想找出一条路来。后来,功夫不负有心人,他挣了钱,上了大学,念了研究生,终于走出了一条自己的路。

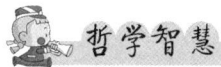 **哲学智慧**

俗话说:"吃得苦中苦,方为人上人。"要想做出成绩,就要不怕挫折,不怕困苦。许多优秀的人才既不缺乏情商也不缺乏智商,然而他们缺少的是吃苦的精神。这不是社会的责任,也不是环境的错,而是自己的责任。

精彩故事 ❷

✳ 受辱之后的小泽征尔

小泽征尔是世界十大著名指挥家之一。他的成功之路看似很顺利,但实际上他也经受过失败的考验。1962年,小泽征尔刚刚从巴黎返回日本,并受聘担任日本广播公司交响乐团的常任指挥。可是,乐团中的一些成员对年轻的小泽征尔很不服气。因此,他们拒绝参加演出,在空荡荡的剧场里,只有小泽征尔一个人站在指挥台上。

公开被"晾"在台上,这给年轻气盛的小泽征尔带来了多么大的打击啊!他没有想到,在国外历尽千辛万苦学来的本事,回到自己的祖国却遭到如此的冷遇,这简直是一个奇耻大辱!

愤怒之余,小泽征尔毅然离开了祖国,开始了他的漂泊生活,并且发誓永远不再回来。他不相信自己是个失败者,他决心要做出卓越的成绩来,给那些瞧不起他的人看看。

他来到了美国,除了潜心学习之外,还担任了芝加哥乐团、维尼亚青年乐团的指挥。同时,他还兼任加拿大多伦多乐团的指挥。丰富的阅历使他积累了足够的经验,他的指挥技艺更加精湛了。5年之后,他离开了美国,开始在世界各地旅行,并经常担任客座指挥。

他的足迹遍布世界各地,接触过各种不同的音乐流派、艺术风格。他博采众长、整理加工后逐渐形成了自己的风格。从此以后,小泽征尔真正地出名了,他指挥的演奏会观众们掌声不绝,西方舆论界称他为"当今世界著名的指挥家"。

尽管如此,小泽征尔仍没有忘记1962年给他带来的耻辱,他仍然对自己严格要求:每天子夜一点左右睡觉,早晨五点起床。除了指挥演奏会以外,他把大部分时间都用在了研习乐谱上。

1972年,小泽征尔受聘担任了波士顿交响乐团的常任指挥。波士顿交响乐团是世界一流的交响乐团,能够在这样的乐团里担任指挥,对于一个音乐家来说是无上的光荣。小泽征尔通过自己的艰苦努力,终于登上了世界音乐巅峰。

哲学智慧

不经历风雨的洗礼,怎能有雨后的彩虹?如果没有当初的"晾台事件",会有今日的小泽征尔吗?不会。如果小泽征尔没有面对失败的勇气,他还能够敲开波士顿交响乐团的大门吗?不能。所以,失败并不可怕,可怕的是没有承受挫折的能力。正如俗话所说:"不受苦中苦,难熬人上人。"成大事者,定要历经磨难,才能修其心性,才能掌控住大局,从而创下大业。

精彩故事 3

✽ 被1 009次拒绝之后

桑德斯上校是"肯德基炸鸡"连锁店的创办人,他在年龄高达65岁时才开始从事这个事业。因为他身无分文且孑然一身,当他拿到生平第一张救济金支票时,金额只有105美元,内心实在是极度沮丧。但他不怪这个社会,而是心平气和地自问:"到底我对人们能做出何种贡献呢?我有什么可以回馈的呢?"随之,他便思量起自己的所有,试图找出可为之处。

头一个浮上他心头的答案是:"我拥有一份人人都会喜欢的炸鸡秘方,不知道餐馆要不要?我这么做是否划算?"随即他又想到:"如果仅仅是卖掉这份秘方,所赚的钱还不够自己付房租!不应当仅仅是简单地卖掉这份秘方,如果餐馆生意因此提升的话,如果上门的顾客增加,且指名要点炸鸡的话,我应当从餐馆中得到收益的提成。"

好点子固然人人都会有，但桑德斯上校就跟大多数人不一样，他不但会想，而且还将自己的想法付诸行动。随之，他便开始挨家挨户地敲门，把想法告诉每家餐馆："我有一份上好的炸鸡秘方，如果你能采用，相信生意一定能够提升，而我希望能从增加的营业额里抽成。"

很多人都当面嘲笑他："得了吧，老家伙，若是有这么好的秘方，你干嘛还穿着这么可笑的破服装？"这些话丝毫没有让桑德斯上校打退堂鼓，他从不为前一家餐馆的拒绝而懊恼，反倒用心修正说词，以更有效的方法去说服下一家餐馆。

桑德斯上校的点子最终被接受，你可知先前被拒绝了多少次吗？整整1 009次之后，他才听到第一声"同意"。在过去两年的时间里，他驾着自己那辆又旧又破的老爷车，足迹遍及美国每一个角落。困了就和衣睡在后座，醒来逢人便诉说他那些点子。他为人示范所炸的鸡肉，经常就是果腹的餐点。历经1 009次的拒绝，整整两年的时间，有多少人还能够锲而不舍地继续下去呢？真是少之又少了，也无怪乎世上只有一位桑德斯上校。我们相信很难有几个人能受得了20次的拒绝，更别说100次或1 000次的拒绝。然而这也就是成功的可贵之处。

哲学智慧

努力去追求所企望的目标，不在中途放弃，最终必然会得到自己想要的。道理说来简单，也相信每个人一定会从内心同意，但真正去实践的人却少之又少。如果你想有所改变，如果你想获得成功，就从今天起拿出必要的行动。桑德斯上校的成功告诉我们：不要怕被拒绝，只要坚定不移地坚持，终会有人赏识你，你也终会获得应有的回报。一点点成长，一天天进步，假以时日，定会大有作为。

3. 逆境不是阻挡你前进的理由

上天完全是为了坚强你的意志，才在道路上设下重重障碍。

——[印度]拉宾德拉纳特·泰戈尔

逆境可以强化人们的意志。大多数人希望一生平坦顺利,然而,未经逆境考验,往往会庸庸碌碌地过一生。我们应该勇于面对逆境的考验,努力奋斗,才会有更大的发展。

逆境迫使我们向前进。它引导我们通过考验,获得成功。未经逆境,无法得到任何有价值的东西。每一个成功的人,在生活中都要经过一番奋斗。人生是不断奋斗的过程,勇于面对逆境、克服逆境、继续迎接下一个挑战的人,就是最后的赢家。

逆境还能加快人的各种必备素质重新组合的速度。作为一个现代人,应该具备自信性、自主性、决断性、创造性等素质,在逆境的条件下,这些素质都会一个接一个地对身处逆境者提出挑战,进行考验。如何超越历史的陈迹、超越环境的束缚、超越社会的不如人意处、超越自身的弱点等,这些人生的价值选择你都必须要面对,需要你在孤独的沉思中做出抉择。因此,逆境不仅能培养出人的各种素质,而且能使现代人的素质和重新组合速度加快,并产生新的素质组合的合力。

昂首面对各种艰难的挑战吧!因为在你穷思竭虑要找出富有创意的方法来解决问题时,最好的机会也将随之而来。在你生命中的每一个早上,你将会因为不断地自我燃烧以渡过许多难关,使你确信将来面临更大的挑战时,也能完全自控而感到自豪。就如同老橡树一般,只有被迫去挣扎奋斗之后,才能更加强壮。

欣然拥抱逆境,而不是设法逃避。你也应该如此,让自己在逆境中学习、成长,直到成功。

精彩故事 1

❋ 破茧而出必经痛苦挣扎

一天,有个人凑巧看到树上有一只茧开始活动,好像有蛾要从里面破茧而出,于是他饶有兴趣地准备见识一下由蛹变蛾的过程。

但随着时间一点点过去,他变得不耐烦了,只见蛾在茧里痛苦挣扎,将茧扭来扭去的,却一直不能挣脱茧的束缚,似乎是再也不可能破茧而出了。

最后,他实在等得不耐烦了,就用一把小剪刀,把茧上的丝剪了一个小洞,让蛾出来可以容易一些。果然,不一会儿,蛾就从茧里很容易地爬了出来,但是那身体非常臃肿,翅膀也异常萎缩,耷拉在两边伸展不起来。

他等着蛾飞起来,但那只蛾却只是跌跌撞撞地爬着,怎么也飞不起来。又过了一会儿,它就死去了。

哲学智慧

飞蛾为什么会死?原因是飞蛾失去了成长的必然过程。飞蛾必须在蛹中经过痛苦地挣扎,直到它的双翅强壮了,才会破茧而出。那些不经过痛苦挣扎而生的飞蛾势必夭折。人的成长也是如此,没有经过不幸、挫折、失败磨炼的人也难以承担大任;即使让其承担大责任,也会因经受不住随之而来的艰辛、曲折、困难而归于失败。

吃苦是人成长的阶梯,是成功的垫脚石。正如飞蛾由蛹变茧、破茧而出的过程:由蛹变茧时,翅膀萎缩,十分柔软;在破茧而出时,必须要经过一番痛苦的挣扎,身体中的体液才能流到翅膀上去,翅膀才能充实有力,才能支持它在空中飞翔。

精彩故事 2

❋ 能吃苦是一种成功的资本

举世闻名的大文豪高尔基,早年丧父,11岁时就给人当学徒,也正是这段苦难的童年使他懂得了人生,有了深厚的生活阅历,为后来的文学创作打下了坚实的基础。

1915年获得诺贝尔物理学奖的威廉·亨利布拉格,青年时在皇家学院求学。在这里读书的人大多是富有人家的子弟,可亨利布拉格衣衫褴褛,拖着一双比他的脚大得多的破旧大皮鞋。富家子弟诬陷他这双破皮鞋是偷来的。有一天,老学监把他召到办公室,两眼死盯着他那双破皮鞋。亨利布拉格明白是怎么回事,他拿出一张小纸条交给学监。这是他父亲写给他的一封信,上面有这样几句话:"儿子,真抱歉,但愿再过一两年,我的那双破皮鞋你穿在脚上不再嫌大。如果你将来有了成就,我会引以为荣。因为我的儿子正是穿着我的皮鞋努力奋斗成功的。"老学监看完信之后被深深地感动了。

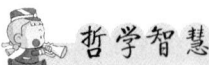 **哲学智慧**

能吃苦的人才能享受到"苦尽甘来"的幸福。相反地，没吃过苦、不具备吃苦耐劳品性的人，很难在布满荆棘的人生路上走出康庄大道来，即使你有优越的条件也不例外。试想，古今中外历史上又有几个纨绔子弟成就大业或有所成就呢？

就拿杜邦家族来说，这个家族是美国少有的拥有亿万富财的显赫家庭。豪华的别墅、专用飞机、游艇和高级小轿车，家里应有尽有。然而，这个家族的后代却大都是平庸之辈。他们的精神世界苍白、空虚，有时竟无聊到专门搞恶作剧，用绒布做食品馅招待贵客，或把数吨水泥散堆于邻居门前。他们躺在先人的财富上寻欢作乐，意志必然会颓废堕落。

在人生的旅途中，大凡成功者，大多数是先吃"苦"，然后才会获得"甜"！所以，能吃苦就是一种资本，一种保证今后能够得到甜的资本。

 **精彩故事 3**

❈ 吃苦在先，甜在终点

一名大学毕业生在应聘时，由于读的大学并不出名，专业也不热门，因此考官不打算录用他。但在面试结束时，他向考官真诚地说了一句："我能吃苦！"这句话改变了考官的主意，就让大学生回去等消息。

第二天，考官专门去学校调查了该大学生，得知他的家境很贫寒，在学校期间一直吃苦耐劳。于是考官决定录用他，因为这种能吃苦的人才是任何公司都欢迎的。

这名大学生求职的经历证明了一个道理：能吃苦，吃过苦，这就是资本！

哲人说："老年遭受艰难困苦是不幸的，这个道理人们普遍知晓。少年未经艰难困苦也是不幸的，这个道理却不是每个人都能明白。"享乐在先，或许令人美慕，但这只是一个过程，若不思进取，走到终点便是苦。吃苦在先，同样也是一个过程，若不断努力，走到终点便是甜。

第六章

跌倒后站起来再奔跑

人生在世,没有始终波澜不惊的大海,也没有永远平坦的大道,遭遇凄风苦雨实属正常。纵使沟壑纵横,跨过去了,人生也就变得多彩而丰富。

生命的天空总是异彩纷呈。面对不幸,面对潦倒,我们所要做的不是怨天尤人,自暴自弃,而应该学会勇敢和坚强,并不断捕捉生存智慧。璞玉需要精心打磨才能晶莹光亮,生命也需要锤炼才能饱满厚重。要知道,上帝永远是公平的。等到有一天,你真正将自己打磨成一块金子时,任何人都掩不住你灿烂夺目的光辉。

1. 追求成功就要勇敢面对一切磨难

> 虽然世界多苦难,但是苦难总是能战胜的。
> ——[美]海伦·凯勒

每个人都是自己命运的主宰,无论是在逆境还是在顺境中,人生之舵完全由自己掌握。没有受过冻的人不知道衣服的温暖,没有挨过饿的人不知道饭菜的鲜美,只有那些从艰难困苦的岁月中走过来的人才知道珍惜今天的幸福生活。

经历一次磨难,就如同经过一个黑夜,迎来一轮新的朝阳,获得一个人生的新起点。磨难使人充满智慧,使人变得坚毅,使人丢弃骄傲,挺直脊梁。

要想做一个出类拔萃的人,不妨多经历些磨难,因为人从平坦中获得的教益少而浅,从磨难中获得的教益多而深。从磨难中得到的教益积累,必然成为人生的一笔宝贵财富。

精彩故事 1

❋ 人生的打击不是放弃的理由

美国有一个人,在他的一生中遭受过两次惨痛的意外事故。

第一次不幸发生在他46岁时,一次飞机意外事故,使他全身65%以上的皮肤都被烧坏了。在16次手术中,他的脸因植皮而变成了一块"彩色板"。他的手指没有了,双腿特别细小,而且无法行动,只能瘫在轮椅上。谁能想到,6个月后,他亲自驾驶着飞机飞上了蓝天!

四年后,命运再一次把不幸降临到他的身上,他所驾驶的飞机在起飞时突然摔回跑道,他的12块脊椎骨全部被压得粉碎,腰部以下永远瘫痪。但他没有把这些灾难当作自己消沉的理由,他说:"我瘫痪之前可以做一万种事,现在我只能做9 000种,我还可以把注意力和目光放在能做的9 000种事上。我的人生遭受过两次重大的挫折,所以,我只能选择不把挫折当成自己放弃努力的借口。"

这位生活的强者,就是米契尔。正因为他永不放弃努力,最终成为一位百万富翁、公众演说家、企业家,还在政坛上获得一席之地。

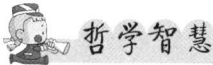

追求成功需要勇敢地面对一切磨难。

米契尔两度惨遭不幸,他不对自己的处境感到不满,也不怨天尤人,而是凭借坚强毅力,追求自己想要的,做自己力所能及的事,最终取得很多正常人都无法达到的成就。

身残志坚的米契尔的勇敢、不放弃的精神激励着我们每一个人,尤其是身体健全的正常人,我们要修炼自己的意志和毅力,勇敢地面对并战胜困难,尽自己最大的努力取得相应的成绩。这样的人生才有意义,这样的生命才有价值。

精彩故事 2

❋ 百折不挠的诺贝尔

1864年9月3日这天,寂静的斯德哥尔摩市郊,突然爆发出一声震耳欲聋的巨响,滚滚的浓烟霎时冲上天空,一股股火焰直往上蹿。仅仅几分钟时间,一场惨祸发生了。当惊恐的人们赶到现场时,只见原来屹立在这里的一座工厂只剩下残垣断壁,火场旁边站着一位三十多岁的年轻人,突如其来的惨祸和过分的刺激,已使他面无血色,浑身不住地颤抖着……

这个大难不死的青年,就是后来闻名于世的弗莱德·诺贝尔。诺贝尔眼睁睁地看着自己所创建的硝化甘油炸药实验工厂化为灰烬。人们从瓦砾中找出了五具尸体,四人是他的亲密助手,而另一个是他在大学读书的小弟,五具烧得焦烂的尸体,令人惨不忍睹。诺贝尔的母亲得知小儿子惨死的噩耗,悲痛欲绝;年迈的父亲因大受刺激而引发脑溢血,从此半身瘫痪。

事情发生后,警察局立即封锁了爆炸现场,并严禁诺贝尔重建自己的工厂。人们像躲避瘟神一样地避开他,再也没有人愿意出租土地让他进行如此危险的实验。但是,困境并没有使诺贝尔退缩,几天以后,人们发现在远离市区的马拉仑湖上,出现了一只巨大的平底驳船,驳船上并没有装什么货物,而是装满了各种设备,一个年轻人正全神贯注地进行实验。毋庸置疑,他就是在爆炸中死里逃生、被当地居民赶走了的诺贝尔!

无畏的勇气往往令死神也望而却步。在令人心惊胆战的实验里,诺贝尔依然持之以恒地行动,他从没放弃过自己的梦想。

皇天不负有心人,他终于发明了雷管。雷管的发明是爆炸史上的一项重大突破,随着当时许多欧洲国家工业化进程的加快,开矿山、修铁路、凿隧道、挖运河等都需要炸药。于是,人们又开始亲近诺贝尔了。他把实验室从船上搬迁到斯德哥尔摩附近的温尔维特,正式建立了第一座硝化甘油工厂。接着,他又在德国的汉堡等地建立了炸药公司。一时间,诺贝尔的炸药成了抢手货,诺贝尔的财富与日俱增。

然而,初试成功的诺贝尔好像总是与灾难相伴。不幸的消息接连不断地传来。在旧金山,运载炸药的火车因震荡发生爆炸,火车被炸得七零八落;德国一家著名工厂因搬运硝化甘油时发生碰撞而爆炸,整个工厂和附近的民房变成了一片废墟;在巴拿马,一艘满载着硝化甘油的轮船在大西洋的航行途中,因颠簸引起爆炸,整个轮船葬身大海……

一连串骇人听闻的消息,再次使人们对诺贝尔望而生畏,甚至把他当成瘟神和灾星。随着消息的广泛传播,他被全世界的人诅咒。

诺贝尔又一次被人们抛弃了,不,应该说是全世界的人都把自己应该承担的那份灾难给了他一个人。面对接踵而至的灾难和困境,诺贝尔没有一蹶不振,他身上所具有的毅力和恒心,使他对已选定的目标义无反顾,永不退缩。在奋斗的路上,他已经习惯了与死神朝夕相伴。

大无畏的勇气和矢志不渝的恒心最终激发了他心中的潜能,他最终征服了炸药,吓退了死神。诺贝尔赢得了巨大的成功,他一生共获发明专利权355项。他用自己的巨额财富创立的诺贝尔奖,被国际学术界视为一种崇高的荣誉。

哲学智慧

百折不挠就能创造人生的奇迹。百折不挠的诺贝尔向我们展示了他坚韧不拔的意志和永不妥协的精神,也告诉了我们要想最终战胜困难,取得胜利,没有坚持到底的决心和毅力是不行的。因为它们是使人们在遇到困难时鼓起勇气继续战斗的力量源泉。

勇气可以教人在遇到挫折时不要畏惧,不要回避,要勇敢面对它,去接受一切挑战,战胜困难,赢得成功。

没有勇敢的尝试,就无从得知事物的深刻内涵;而勇敢去做了,即使失败,也由于对实际的痛苦亲身经历,而获得宝贵的体验,从而在命运的挣扎中愈发坚强,愈发有力,愈接近成功。

那些成功的人,如果当初都在人生的一个个挑战面前因恐惧失败而退却,而放弃尝试的机会,则绝无所谓成功的降临,他们也将平凡一生。

挫折也好,失败也罢,只要你能勇敢地坚持下去,不屈不挠地奋斗下去,就会得到成功的青睐。

2. 把挫折转化为人生的动力

自古以来的伟人,大多是抱着不屈不挠的精神,从逆境中挣扎奋斗过来的。

——[日]松下幸之助

当生活的重担压得我们喘不过气,挫折、困难堵住了四面八方的通口时,我们决不能选择退缩。退缩就是彻底的失败,我们的人生只有一次,难道你甘愿以失败来给人生画上句号吗?其实,最黑暗的时候,就是黎明将要到来的时候,只要我们能够变压力为动力,不沮丧,不灰心,继续鼓一鼓劲,再积蓄一点力量,那么,冲出困境,战胜困难就是必然的。

这也正是许多成功者曾经采取的方法。

成功者不一定具有超常的智能,也大都没有特殊的机遇和优越的条件,更不是一帆风顺。相反,成功者大都经历过坎坷,命运多舛,是在不幸的境遇中奋起前行的人。

成功者最可贵的信念和能力是永远保持乐观、向上的心态,变压力为动力,从荆棘中开辟新路。

我们如果懂得了上述战胜挫折之道,就会在遇到任何挫折、困难时都不气馁,并保持乐观的态度。而只要我们乐观地对待,我们就能发挥自己意想不到的潜能,从而能够杀出重围,开辟出一条道路来。

精彩故事 1

❋ 躺在马槽中的皇帝

14世纪,蒙古有位皇帝叫莫卧儿。有一次这个皇帝在大自然中看到一个积极的例子,大受鼓舞。那时他的军队被一支强大的敌军打败,溃不成军。皇帝本人躺在一个废弃马房的食槽里,而敌军则在大搜捕。

莫卧儿皇帝躺在食槽里,垂头丧气。这时,他看着一只蚂蚁努力扛着一粒玉米,爬上一堵垂直的墙。这粒玉米比蚂蚁的身体大许多,蚂蚁尝试了69次,每次都掉下来。当它尝试第70次时,蚂蚁终于把那粒玉米一直推过墙头。

莫卧儿大叫一声跳了起来!他也能取得最后胜利!他确实做到了——重整军队,把敌军打得四散逃窜。最后,他的帝国从黑海之滨延伸到了恒河之岸。

哲学智慧

研究积极成功者的事例,向他们看齐,这是向失望情绪开战的最佳方法之一。研究的对象可以是你认识的有成就的人,你可以阅读传记,研究那些人的生平、优点以及他们渐渐获得这些优点的方法。

勇历艰险,不怕挫折,用乐观来对待一切困难,这是所有发展积极心态、有志于成功的人的必修课。当我们面临丛生荆棘的时候,立刻就要想到这里是摘取成功之花的必由之路,应以乐观面对未来。

精彩故事 ❷

❋ 失去窝的鸟儿

有一个故事,说的是一个诗人在自家花园里散步时看见地上有个鸟窝。刚才一阵强风吹过树梢,把鸟窝吹落地上。正当诗人对着这个被毁的鸟窝伤感、沉思时,他抬头看到小鸟已经开始在枝头另筑一个鸟窝了。小鸟并未被强风的破坏弄得灰心丧气,它们已经在积极行动了。

哲学智慧

对于不断努力谋求成功、但遭到一个又一个失败的人来说,最大的挑战就是如何克服失望。尽管人人都会失败——因为失败是不可能避免的——但并非人人都会失望。所谓失败,包括未能达到目标,或任务没有完成,这些都是外在的。相反,失望是一种内心的态度,这是可以控制的,它是内在的。

每个人的生活中都曾播下失望的种子。问题是,我们怎样处理这些种子。是给它们浇水施肥,使野草丛生,最终使我们自己窒息而死呢?还是给这些野草断水断肥,使它们不能生长,不能伤害我们呢?

也许你因为失败而灰心丧气了,也许你不知如何是好,不要失望,只要乐观面对,化挫折为动力,你会由灰心丧气变得勇气十足。

精彩故事 ❸

❋ 别忘了爬行也能达到目标

大谷米太郎,1881年出生于日本富士县的一个贫穷农民家庭。大谷家里世世代代都是农民,在大谷24岁时,他的父亲突然去世。眼看着家里大厦将倾,他义无反顾地挑起了生活的重担。每天,他拼命干活,希望能够养家糊口。然而,到了他28岁的时候,家境已经破落到"食无米下锅,穿无衣蔽

体"的境地。万般无奈之下,大谷米太郎怀揣着一块价值2日元的银币离开了家乡,来到了东京,渴望找到一份既能养家糊口又能光宗耀祖的工作。

他在东京的一个小客栈里住了下来,第一个晚上,这块银币就成了他交的房费。第二天早晨,大谷米太郎感到没有着落,思绪万端,他离开小客栈,四处找活干。他终于找到一份搬运工的工作,每天可以获得1日元的报酬。经过两个多月的辛苦劳动,大谷米太郎积攒下了30日元。他用这30日元做资本,生平第一次做起了生意,卖甜酒。有道是万事开头难。大谷米太郎以前没有做过生意,他每天挑着担子东奔西走,也不懂得吆喝叫卖,结果累死累活不说,还卖不出去多少。这样卖了一个星期,大谷米太郎就坚持不下去了。

甜酒生意失败后,大谷米太郎还做过许多苦力:在运输公司当搬运工,在菜店里卖过菜,还拉过人力车。后来,大谷米太郎来到一家米店做伙计。他身强体壮,身手灵活,店老板劝他去当一名相扑运动员。在日本,相扑运动员有很高的社会地位和收入。相扑运动员不仅能够赚钱,还能光宗耀祖,这正符合大谷米太郎的初衷。后来,他真的成了一名相扑运动员。在接下来两年的时间里,大谷米太郎击败了许多对手,一时也算小有名气。他还经人介绍,认识了一位红粉知己。

就在大谷米太郎事业和情场都颇为得意的时候,一场意外的受伤使他落下了残疾。相扑是干不成了,他拿着一笔伤残抚恤金,打算重新寻找生活的起点。在妻子的帮助下,大谷米太郎开了一家小酒店。他的经营宗旨是:进门的都是客,来来往往的都是朋友,不管花费多少,都会受到同样的热情款待。酒店还以物美价廉而闻名,很快,这家小酒店就红火起来,为大谷米太郎赚下了丰厚的收入。

有了资金,他又打算把生意做大。大谷米太郎早就盯准了日本新兴的钢铁工业,于是他开了一家钢铁厂,小酒店则由妻子经营。夫妻二人勤劳节俭,财源滚滚而来,实力日益壮大。大谷米太郎迎来了事业上的第二次高峰。

后来,东京发生了大地震,这次突如其来的地震给了东京各行业以毁灭性的打击。大谷米太郎夫妇辛苦攒下的家业一下子化为乌有,就连一向刚毅的妻子也劝他回家种田。

大谷米太郎在此时想起了那一块银币,刚刚来东京时的遭遇历历在目。

他不愧是一名强者,此时他简直是在爬着前进了。在大火烧毁的制铁厂的废墟上,大谷米太郎认真地修理着损伤的设备,又拿出仅剩的一些钱招聘一流的技术工人。他还利用昔日建立的良好信用,赊来了急需的原材料,又使出成本价销售的营销策略,全力开拓钢铁制品市场。在超乎常人的辛苦努力下,大谷米太郎仅用了一年的时间,就从废墟中站了起来,赚取了100万日元的利润。从此,大谷米太郎的资产像滚雪球一样越滚越大,连年扶摇直上。在他59岁那年终于能够看到自己亲手创建的"大谷重工"跻身全日本工业的前十名。

爬行看起来是无奈,但丝毫不影响我们达到既定的目标。著名黑人领袖马丁·路德·金说过:"世界上所做的每一件事都是抱着希望而做成的。"如果我们真的目标坚定,即使是爬行,我们也能爬到终点。

任何事的成功,都不是一蹴而就的,而是需一步一步、慢慢积累而成的。这个过程将充满艰辛,充满挫折,只有保持乐观心态,化挫折为动力,变逆境为顺境,才能走到最后,才能与成功约会。

3. 激发潜能,在逆境中赢得新生

每个人的身体内部都蕴含着巨大的潜能,如同一座沉睡的火山。爱迪生曾经说:"如果我们做出所有能做的事情,我们毫无疑问地会使自己大吃一惊!"充分地发挥自己的潜能是获得成功的"第一把金钥匙"。人的潜能具有操纵命运的巨大能力。特别是在逆境中,激发潜能往往能创造出令人震惊的奇迹。然而,我们每个人的潜能只开发了5%~10%,即使是像爱因斯坦这样聪明的人,他的潜能只开发了12%左右,只比一般人多了2%。善于在逆境中将潜能激发到极致的人,常常能在逆境来临时坦然面对,强化自己的信念,征服欲望,表现出内在的英雄本色,从而最终走出逆境,迎接人生的艳阳天。

精彩故事 1

❋ 抬起轻型卡车的年轻妈妈

美国的一家农场,有一位妈妈在谷仓前面正专注地看着一辆轻型卡车

快速地开过她的院子。她14岁的儿子正开着这辆车,由于年纪还小,他还不够资格考驾驶执照,但是他对汽车很着迷——而且似乎已经能够操纵一辆车子,因此她就准许他在农场里开这辆客货两用车,但是不准开到外面的路上去。

但是突然之间,妈妈看见车子翻到水沟里去了!她大为惊慌,急忙跑到出事地点。她看到沟里有水,而她的儿子给压在车子下面,躺在那里,只有头的一部分还露在水面上。

这位妈妈并不高大,身高162厘米,体重55公斤。但是她毫不犹豫地跳进水沟,把双手伸到车下,把车子抬高,高度足以让另一位跑来救援的工人把那失去知觉的孩子从下面抬出来。

当地的医生也很快赶来了,给男孩检查了一遍,只有一点皮肉擦伤需要治疗,其他毫无损伤。

此时,妈妈却开始觉得奇怪起来,刚才她去抬车子的时候,根本没有停下来想一想自己是不是抬得动一辆轻型卡车。由于好奇,她再试了一次,结果根本就动不了那辆车子。

这真是让人难以置信的奇迹!医生解释说,身体机能对紧急状况产生反应时,肾上腺就会分泌出大量激素,传到整个身体,使人产生出一种超常的能量,这就是她可以抬起卡车的唯一解释。

 哲学智慧

潜能是一种超出正常的力量,并不只是肉体反应,它还涉及心智和精神的力量。潜能可以说是精神上的肾上腺在瞬间引发出潜在的力量,它会随着你精神上的定力和毅力变化;定力和毅力越强大,你的潜能就会越强大。实际上,一个正常人的潜能大得惊人。人平常只发挥了极小的潜能,要是能够发挥一大半的潜能的话,不夸张地说,一个人可以轻易学会40种语言,背诵整本百科全书,拿12个博士学位。由此可见,一个人的潜能是何等神奇与巨大!特别是在一个人身处危机与逆境时,潜能的迸发足以改变一切!

精彩故事 ❷

❄ 绝境求生的亚伦·拉斯顿

亚伦·拉斯顿,美国阿斯彭市的一名登山探险爱好者,美国《时代周刊》评选出的2003年一季度最出色的人物。他的网站在短短3天就被点击数百万次,他以断臂自救的方式告诉人们,在面临绝境时,人的潜能是无比巨大的。

2003年4月26日,27岁的拉斯顿独自来到犹他州蓝约翰峡谷登山。蓝约翰峡谷位于犹他州东南部,风景绝美,但人迹罕至。

拉斯顿在攀过一道3英尺宽的狭缝时,被一块巨大的石头挡住了去路。他试图将这块巨石推开,巨石摇晃了一下,猛地向下一滑,将拉斯顿的右手和前臂压在了旁边的石壁上。

忍着钻心的剧痛,拉斯顿使劲用左手推巨石,希望能将手臂抽出来,然而石头仿佛生根一样纹丝不动。在做了无数次努力之后,精疲力竭的拉斯顿终于知道,单凭自己一人绝不可能推动巨石,只能保存精力等待救援了。

然而,在接下来的数天里,别说是人,就连鸟也没飞过一只,他就这样吊在悬崖上。没有食物,拉斯顿每天只能喝水,到4月29日,壶中的最后一滴水也被他喝光了。

5月1日早晨,饥肠辘辘、浑身无力的拉斯顿从睡梦中醒来,他终于明白,自己所在的地方太过偏僻,即使有人为他的失踪而报了警,救援人员也很难找到这个地方。

再等下去只能是死路一条,想活命的话,只能靠自己了!拉斯顿心里清楚,把自己从巨石下解救出来的唯一办法就是断臂!而除了简单的急救包扎,他并不知道如何进行外科自救。

拉斯顿清理了一下手头的工具——一把8厘米长的折叠刀,一个急救包。没有麻醉剂,没有止疼片,没有止血药,超常的疼痛和所冒的风险可想而知,不过拉斯顿已经别无选择了!

由于刀子太钝,在难以忍受的疼痛和失血的半昏迷状态下,拉斯顿先折断了前臂的桡骨,几分钟后又折断了尺骨……整个过程大约持续了1小时!

由于大量失血,拉斯顿差点昏厥,然而他仍坚持着从身旁的急救箱中取出杀菌膏、绷带等物,给被自己切断的右臂进行紧急止血处理。

拉斯顿甚至还想把断臂从巨石下取出来,但最后徒劳无功。流血止住后,拉斯顿决定徒步走出峡谷。

拉斯顿被困之处是一个陡峭的岩壁,距峡谷底有25米的高度,上来容易下去难,尤其是在刚切断一只手臂之后。

不过这没有难住他,拉斯顿用登山锚将一根绳子固定在岩壁上,用左手抓住绳子,顺着岩壁滑下去。在下山的路上,拉斯顿看到了他的山地自行车,但他根本不可能骑着它下山了。

在跌跌撞撞走了大约7英里后,两名旅游者发现了血人一般的拉斯顿,明白发生了什么事后,他们赶紧报警。不久后,一架救援直升机赶到,将拉斯顿送到了最近的医院。

参加救援行动的米奇·维特里上尉对记者说:"他太让人惊讶了,在那样的绝境下,他自己拯救了自己。尽管他非常虚弱,但在直升机上他一直在跟我们交谈。他太坚强了,他简直就是个超人!"

当直升机飞行了12分钟到达莫阿布市的艾伦纪念医院时,拉斯顿居然谢绝别人的帮助,自己走进急救室。这个坚强的人随后被送到圣玛丽医院。

哲学智慧

潜能是一种巨大的力量,是足以改变命运的力量。潜能的发挥,往往是在决定前途命运的关键时刻发生的。在困境中坚信自己,掌握自己的思维与行动,坚信自己一定能撑下去,敢于挑战前面满路的荆棘,就会激励自己发挥出生命的最大潜能。面对逆境,如果选择了放弃,也就是选择了失败。在人生的旅途中,一些人虽然也曾经努力过,但收效甚微。这是因为在前进的旅途中遭遇困难时,漫长的、看起来毫无结果的征途使他们厌倦了,于是,他们就会停下来,寻找一个避风的港湾,在那儿躲避风浪,他的潜能就会始终隐藏起来,得不到发挥。

第七章

意志力是一种伟大的力量

人生的成功,是不可能轻易得到的。它们往往只属于那些在困难面前也能咬紧牙关、坚持到底的人,属于那些具有坚强毅力的人。

坚强的意志是人们达到目的、获取胜利的重要条件。一个人的意志是坚强还是薄弱,都可以在人的行动中表现出来。意志坚强的人,往往对学业或对事业孜孜以求,并能取得较大的成功;意志薄弱的人往往好高骛远,半途而废。

意志是实现目标的过程中不可缺少的条件,是发挥潜能的必要条件。意志与追求结合之后,便形成了百折不挠的巨大力量。

1. 人生最大的光荣在于屡败屡战

逆境能打败弱者而造就强者。

——[美]理查德·尼克松

人生的道路不可能是一帆风顺的,它常常会遇到许多困难与挫折乃至失败。人生的意义就在于不断地努力与奋斗之中,就在于从一次次的失败之中勇敢地站立起来。

生命像首歌,它使人们欢欣快乐,而真正有价值的人是那些能在逆境中依然微笑歌唱的人。因为能在一些事情十分不顺利时微笑的人,要比一遇到挫折就要崩溃的人占更多胜利的先机。对挫折的反省可以鼓舞人们的斗志,使人们懂得人生需要不言失败,所有的困难与挫折都是可以被克服与战胜的。

爱默生说:"伟大人物最明显的标识就是他坚定的意志,不管环境变化到何种地步,他的初衷与希望仍然不会有丝毫的改变,终至克服障碍,达到所企望的目的。"由此可见,意志是一个人战胜挫折、走向成功的重要条件。对一个人而言,挫折与失败并不可怕,可怕的是在挫折与失败面前自暴自弃。试想,谁没经历过失败呢?那些卓有成就的伟人经历的挫折与失败要比常人多得多。历史上无数事实表明,困难与挫折在勇敢者面前必然会低头让路,所有的失败都不过是胜利者走向成功的垫脚石。

❋ 汉克的神奇砍刀

汉克住在阿拉斯加附近的山里。刚到这里时,他一无所有,凭着一把砍刀,在他不断地辛苦努力下,终于盖起了一间可以遮风挡雨的房子。有一天,他挑着砍好的木柴到镇上交货,但当他黄昏回家时,却发现他的房子起火了。

左邻右舍都前来帮忙救火,但是因为傍晚的风势过于强大,所以还是没有办法将火扑灭,一群人只能静待一旁,眼睁睁地看着炽烈的火焰吞噬了整栋木屋。

大火终于灭了,汉克并不悲伤,只是手里拿了一根棍子,跑进倒塌的屋里不断地翻找着。围观的邻人以为他是在翻找藏在屋里的珍贵宝物,所以也都好奇地在一旁注视着他的举动。

过了半晌,汉克终于兴奋地叫着:"我找到了!我找到了!"

邻人纷纷向前一探究竟,才发现汉克手里捧着的是一柄砍刀,根本不是什么值钱的宝物。

汉克兴奋地将砍刀嵌进木棒里,充满自信地说:"只要有这柄砍刀,我就可以再建造一个更坚固耐用的家。"

哲学智慧

汉克是不幸的,辛苦的努力被大火白白地夺去了。但汉克又是坚强的,他相信,用自己的双手可以重新点燃希望,再创美好的明天。

孩子,成功的人不是从未曾被困难击倒过的人,而是在被击倒后,还能够积极地在成功路上不断迈进的人。

做一个这样的人,世界上便没有不可战胜的困难,便没有克服不了的挫折。

精彩故事 ❷

※ **陷入困境的蚂蚱**

有一则寓言,写两只蚂蚱一天早晨在嬉戏中失足掉进了人们扔在路边的奶酪罐里,罐里未吃完而剩下的奶酪足以使两只蚂蚱遭受灭顶之灾。蚂蚱掉进罐子后,其中一只叹了口气,心想:"完了,上帝安排我掉进这陷阱,就由它去吧。"于是,时间不长它便沉了下去。而另一只蚂蚱呢?它虽然也在

往下沉,但它却在不断地挣扎着。它一边挣扎一边想着与伙伴们在美丽的花草上跳跃嬉戏的情景,它在想着跳出去后将要去不远处的一座皇家花园里安家。它就这样不断地挣扎着,一直到太阳升得很高,炽热阳光蒸发了罐中的水分,奶酪也逐渐凝固成硬块,这只蚂蚱用力一跃,终于跳了出来,它获得了自由。

哲学智慧

从这两只蚂蚱的寓言中,我们可以看到,只要心存希望,只要意志力坚强,就能摆脱看似无法逃脱的困境。

每个人在一生中都会面对许多困难,而成功的人往往是在困难中意志力坚强的人。

希望自己是一个成功者,就要具有坚强的意志力,不管面临的困难多么坚不可摧,我们只要坚持不懈,始终如一,定能战胜困难。

凡是真正伟大的人无不是意志力坚强的人,他们用这种强大的内在力量坚定地统治自己的精神国土,并主宰自己的心灵,从而披荆斩棘,到达成功的彼岸。

精彩故事 3

※ **不甘屈服,胜利就在前方招手**

阿里在一家煤炭商店里当推销员。这家商店生意虽然还算不错,但毗邻的那家规模庞大的连锁商店,却从不在阿里的店中买煤,宁愿跑很远的路到别的煤炭店去购买。这一情况使阿里百思不得其解,每当他看到连锁店的运输卡车拉着从别人的店中购买的煤炭,从自己的店门口飞奔而过时,心中便泛起一种说不出的滋味。更苦恼的是这家连锁商店经理拒不接待他的拜访。"这样下去不行,连近邻的关系都打不通,我怎么能算得上是一个推销人员呢?"于是阿里暗下决心,非要说服连锁商店经理从自己店中购买煤炭不可。

一天上午,阿里彬彬有礼地出现在连锁商店总经理的办公室里。"尊敬的总经理先生！"阿里说道，"今天来打搅您并不是为了向您推销我店的煤炭，而是有一件事想请您帮忙。最近我们准备就'连锁商店的普及化将对我国产生什么影响'为题，开一个讨论会，我将要在会上发言。您知道，在这方面，我是个外行。因此，我想向您请教有关这方面的一些知识和情况。因为除了您，我再也想不出其他更加合适的、能给我指点迷津的人了。我想您不会拒绝我的请求吧！"

结果如何呢？事后，阿里说："开始我和这位经理约定，只打搅他几分钟。只有这样，他才同意接待我。结果，我们却谈了将近两个小时。这位经理不仅谈了他本人经营连锁商店的经过，以及他对连锁商店在国家商业中的地位与作用的认识，而且他还吩咐一位曾写过一本关于连锁商店的小册子的部下，送一本他写的书给我；他又亲自打电话给全美连锁商店工会，请他们给我寄一份有关这个问题的讨论记录稿副本。谈话结束，我起身告辞，这位经理满面笑容地将我送到门口。他祝我在讨论会上的发言能赢得听众、取得成功，又再三叮嘱我一定要将讨论会的详情告诉他。临别时，他对我说的最后一句话是'从春季开始，请你再来找我。我想本店的用煤由贵店来提供，不知行不行？'"

哲学智慧

对永不屈服的人，就没有所谓失败。无论成功是多么遥远，失败的次数有多少，最后的胜利仍然在他的期待之中。

美国著名成功学家温特·菲力说："失败，是走上更高地位的开始。"现实生活中由失败变为成功的例子有很多，他们失败了再站起来，不怕挫折，抱着不屈不挠的无畏精神，勇敢地向前奋进，最终获得成功。世界上有无数人，已经丧失了他们所拥有的一切东西，但你不能把他们叫作失败者。

许多人之所以获得最后的胜利，是因为受恩于他们的屡败屡战，因为他们拥有一种不可屈服的意志，有着一种坚忍不拔的精神。对于没有遇见过大失败的人，有时反而不知道什么是大胜利。通常来说，失败会给勇敢者以果断和决心。逆境可以激励人心，帮助你战胜生活中的种种恐惧。

2. 永不屈服于任何挫折、失败

人可以忍受不幸，也可以战胜不幸，因为人有着惊人的潜力，只要立志发挥它，就一定能渡过难关。

——[美]戴尔·卡耐基

人生中遇到挫折，就像大自然中的刮风下雨，谁都无法避免。有的人，被风雨击倒了，被挫折征服了，被困难吓倒了，他的人生总是灰暗的。也有的人，接受了风雨的洗礼，经历了挫折的磨炼，战胜了困难的挑战，他的人生一片光明。

挫折就像一面镜子，你的态度如何，决定了你人生的成功与否。挫折会让懦弱者更加懦弱，却让坚强者更加坚强；让自卑者彻底丧失斗志，却让自信者激发挑战的勇气。

逆境与顺境，从来就是人生之旅中的常客，谁也不可能一帆风顺地走到生命的尽头。害怕失败，失败会无处不在。挑战逆境，成功之门会随时为你打开。没有经历苦难的考验，人永远品味不出幸福生活的意义。只有经过挫折的锤炼，人才能珍惜得到的收获。

在人生的路上，时时都会遭遇挫折的阻挡。要想成功，便只有一种选择：做一个不怕失败、永远奋斗的人。

精彩故事 1

❋ 一位退休的老船长

一位退休的老船长，经常向人们讲述他一生航海过程中的种种奇遇，其中最引人入胜的，是与狂风暴雨搏斗的惊险历程。

大海上的天气不可预测。有人问老船长："如果你的船行驶在海面上，通过气象报告，预知前方的海面上有一个巨大的暴风圈,正向你的船袭来。请问,以你的经验,你将会如何处置呢?"

老船长微笑着反问:"如果是你,你又会如何处置呢?"

问者偏着头想了想,回答道:"返航。将船头掉转180°远离暴风圈。这样应该是最安全的方法吧?"

老船长摇了摇头道:"不行,当你掉头回航,暴风圈还是会追上你的船,并与你一路同行很长时间。你这么做,反而将你的船跟暴风圈接触的时间延长了许多。时间愈久,咆哮的暴风雨愈容易把你的船撕成碎片。这是非常危险的。"

另一人忙道:"那,如果将船头向左或向右转90°,试着脱离暴风圈的威胁呢?"

老船长仍是摇摇头,微笑道:"还是不行。如果这样做,船身的整个侧面,就将暴露在暴风雨的肆虐之下,增加与暴风圈接触的面积,这会导致船迅速倾覆,结果更加危险。"

众人不解,问道:"如果这些方法都不行,那究竟应该怎么做呢?"

老船长肯定地说道:"只有一个方法,那就是抓稳你的舵轮,让你的船头不偏不倚地迎向暴风圈继续前进。唯有这样做,才可以将与暴风圈接触的面积化为最小;同时,因为你的船与暴风圈彼此相对加速度,还可以减少与暴风圈接触的时间。你将会发现,很快你就会安然冲过暴风圈,迎接另一片充满阳光的蓝天。"

众人听到这里一阵沉寂,不禁为老船长的智慧所折服。

哲学智慧

与大海搏斗了一辈子的老船长,以自己不同寻常的经历,说明了一个道理:遇到挫折和麻烦,你必须依靠自己去战胜它,躲没用,跑也没用,因为它迟早会追上你,抓住你。唯一的方法就是——勇往直前。

人的一生中,也会经常遇到无法避免的生活"暴风圈",此时,想想老船长的话,勇敢地冲上去,战胜它,充满阳光的生活就会重新回到我们身边。

精彩故事 2

❋ 一场艰苦而伟大的拳击赛

说起阿里,全世界都知道这是一位伟大的拳王。

20世纪70年代是世界重量级拳击史上英雄辈出的年代。4年来未登上拳台的拳王阿里此时体重已超过正常体重20多磅,速度和耐力也已大不如前,医生给他的运动生涯判了"死刑"。然而,阿里坚信"精神才是拳击比赛的支柱",他凭着顽强的毅力重返拳台。

1975年9月30日,33岁的阿里与另一拳坛猛将弗雷泽进行第三次较量(前两次一胜一负)。在进行到第14回合时,阿里已精疲力竭,濒临崩溃,他几乎再无丝毫力气迎战第15回合了。然而他拼着性命坚持着,不肯放弃。他心里清楚,对方和自己一样,此时此刻与其说在比气力,不如说在比毅力,就看谁能比对方多坚持一会儿了。于是他竭力保持着坚毅的表情和誓不低头的气势,双目如电,令弗雷泽不寒而栗,以为阿里仍存着体力。果然,弗雷泽表示弃权认输了,对阿里"俯首称臣",甘拜下风。

裁判当即高举起阿里的胳膊,宣布阿里获胜。这时,保住了拳王称号的阿里还未走到台中央便眼前漆黑,双腿无力地跪在了地上。弗雷泽见此情景,如遭雷击,他追悔莫及,并为此抱憾终生。

哲学智慧

一次伟大的胜利,以为不花任何代价就可以轻易获取,是永远不可能的。而且,困难与挫折会越多越重,多得让你几乎认输,重得让你马上要放弃,其实此时已是接近成功。只有坚持下来的人才会取得胜利,而那些逃避的人只能与成功失之交臂,抱憾终生。阿里就为世人树立了最杰出的榜样。孩子,你不想成为这样的成功者吗?

精彩故事 ③

※ 山洞中的火把

一个珠宝商人成交了一笔买卖后，带着钱独自回家。

有个强盗跟踪他想趁机打劫，一路上他总是没有机会下手，直到走到大山里，空旷的山谷中，四周没有一个人，强盗终于找到了一个下手的好机会，他立刻拦住了珠宝商人的去路。

面对劫匪，商人第一个反应就是立即逃跑。于是，一个在前面跑，一个在后面追；一个拼命逃亡，另一个穷追不舍。走投无路的商人钻进了一个山洞里，强盗也跟了进去。在山洞里跑了很久，强盗最终还是抓住了商人，不但抢了他的珠宝，连商人准备夜间照明用的火把也抢去了。

那个强盗还算没有丧心病狂，他只贪图财物而没要那个珠宝商人的性命。之后，两个人各自寻找山洞的出口。山洞里黑极了，没有一丝光亮。强盗庆幸自己把商人的火把抢来了，心想要不然到死也走不出这个纵横交错的山洞。他将火把点燃，借着火把的亮光在洞中行走。火把给他的行走带来了方便，使他能够看清脚下的石块和四周的石壁，因而他不会碰壁，也不会被石块绊倒。但是，强盗不停地转来转去却始终没有走出这个山洞，当火把燃尽时，绝望的强盗最后饿死在山洞里面。

商人失去了火把，心想着自己将要永远留在这个山洞里了，但是他又不甘心。没有了火把，他就在黑暗中摸索着前进，头不时碰在坚硬的石壁上，身体不时地被石块绊倒，跌得鼻青脸肿。但是，过了一段时间，从远处传来一丝光亮，那正是山洞的出口。于是，商人兴奋地向山洞的出口走去。

原来正是因为他置身于一片黑暗之中，所以能看见这抹细微的光亮。他迎着这缕微光摸索爬行，终于成功地逃离了山洞。

这个故事很有意思，也很有哲理。一个在黑暗中摸索的人最终走出了黑暗，而有火把照明的人却永远留在了黑暗的山洞中。其实这并不奇怪，世间有很多事情都遵循这样的道理。同样是面对困境，有的人鼓足勇气寻找自救的生路;有的人却依赖他人,不相信自己,结果陷入困境之中始终无法自拔。同样是遇到挫折,有的人不怕危险,不怕压力,百折不挠,继续奋斗;而有的人却心灰意懒,放弃努力,最终坐以待毙。

人生就是如此,一个孩子,成人之后要想获得人生的成功,就需要在不断的失败中获得成功的经验。只有不断进取、意志顽强的人才能最终走出阴影和黑暗,踏上光明之路;而那些不思进取、衣食无忧的人,虽然有着较好的条件,但也正是这些所谓的"优势"最终成了他们走出黑暗的绊脚石。正所谓挫折是成功的良药,而舒适的环境却让人丧失斗志。

3. 努力培养坚强刚毅的性格

古之立大事者,不唯有超世之才,亦必有坚韧不拔之志。

——[宋]苏轼

一个人的意志是坚强还是薄弱,都可以在人的行动中表现出来。意志坚强的人,往往在学业和事业中孜孜以求,并能取得较大的成功;意志薄弱的人往往好高骛远,半途而废。但意志的坚强并非先天决定的,而是可以通过锻炼来塑造的。坚强的意志是成就事业的前提和保障,因此我们要努力培养自己的意志力。

坚强的意志是人们达到目的、获取成功的重要条件。美国有位心理学家曾对千余名儿童进行追踪研究,30年后总结时发现,成就与智力不完全相关,智力高的人不一定成就高。在800名男性受试者中,他把其中成就最大的人(占20%)与没有什么成就的人(占20%)做了比较,发现他们之间最明显的差别不是智力的高低,而是意志品质的不同。成就大的人,都对自己的工作充满了信心,具有不屈不挠的意志力;而成就小的人,则缺乏这些品质。

可见,具备良好的意志品质对人生多么重要。近年来国内外学者对独生子女的研究表明:独生子女虽然智力不错,但学习成绩与其智能发展水平并非一致,其中的一个主要原因就是独生子女缺乏坚强的意志,特别是缺乏自制力和坚持性。

意志行动是有目的、有意识的活动,人在实现自己目的的过程中遇到困难是难免的。大凡困难来自两个方面,一方面是内心障碍,即内部困难,主要是人在行动时有相反的要求和干扰,如:一个人虽然有了目标却在计划实施中缺乏信心,畏缩不前,以致成为实现目的的障碍。另一方面是外部阻力,即外部困难,主要指外部条件阻碍人实现目的,如:外部条件不适合计划的要求,或者遇到了他人的打击和破坏等。

人要想达到预定目的,就必须克服这些困难,而克服困难的过程正是意志活动的过程。那些不经过任何意志努力就达到目的的事情是没有的,因而克服困难总是与人的意志努力相一致。

精彩故事 1

✻ 意志比钢铁还硬的人

《钢铁是怎样炼成的》是苏联作家奥斯特洛夫斯基用自己的鲜血、汗水和生命写出来的一本书。这本书里的英雄保尔·柯察金,原型就是他自己。

奥斯特洛夫斯基14岁就参加了红军。在一次激烈的战斗中,他受了重伤,刚满16岁就退役了。伤愈后不久,他参加了青年突击队,负责抢修铁路。

当时粮食供应严重不足,大家常常吃不饱饭,生活十分艰苦。铁路快要修好的时候,奥斯特洛夫斯基得了严重的风湿病,脚关节肿起,身体只能勉强支撑站直,可是他每天仍旧最早起床,和大家一起上班,直到染上伤寒,才被迫离开工地。病还没有养好,奥斯特洛夫斯基就又到冰冷的河水里去捞木材,结果木材被捞上来了,他的病情却加剧了。他的两腿再也站不起来了,脊椎、关节、手臂等处时常剧烈疼痛。更可怕的是,他的两只眼睛也逐渐看不见东西了。

奥斯特洛夫斯基才18岁呀,可是他已经领到了残疾证书,生活对他的打击太大了!他反复地追问自己:"我怎么办啊?怎么办啊?"

精神上和肉体上的双重痛苦整天折磨着他,奥斯特洛夫斯基面临着人生最大的挑战。他痛苦彷徨,差一点掉入绝望和愤怒的深渊。但是他挺过来了!他常常紧握拳头,紧咬牙关,命令自己:我的人生道路才刚刚开始,我要坚强！把念头转到严肃的问题上去！不准去理睬肉体上的痛苦。对病痛的屈服，意志的消沉，是一种可耻的懦弱！全无大丈夫气概！

在病床上，他开始阅读大量的书籍，还参加函授大学的学习。有一天，他忽然想到自己可以干一件事情，那就是写作。他想：我的脑子还是100%健全的。我要为自己描绘一条出路——写小说，把青年们怎样在战斗中锻炼成长的过程写出来。我要证明生命本身是有价值的！要用行动来充实生命！我要取得进入生活的入场券！

1930年10月，奥斯特洛夫斯基开始创作小说《钢铁是怎样炼成的》。这是一段艰难的日子。清晨，妻子上班前为他准备好一天所需的纸、笔等物品，让他安静地写作。夜里，家家灯火熄灭，他仍在写作。这时他写字已十分困难，手臂只有到肘关节这一段能够活动。手臂一动，关节就一阵剧痛。有时他为了熬住疼痛就用嘴巴咬住铅笔，好几次把铅笔都咬断了，把嘴唇都咬出了血。后来，有个热情的青年利用业余时间主动来帮他做记录，由他口述，进行写作。

1934年，长篇小说《钢铁是怎样炼成的》上、下卷终于出版了，后来还被译成多种文字，在世界各地广为流传。青年们争相抢阅这本书，高声背诵书中的名言：

"人最宝贵的东西是生命，生命属于我们只有一次。一个人的生命是应当这样度过的：当他回首往事的时候，他不因虚度年华而悔恨，也不因碌碌无为而羞耻……"

哲学智慧

做一个意志坚强的人。

奥斯特洛夫斯基是一个真正的生活强者。

困难是人意志的试金石。 有的人在困难面前，愁眉苦脸，唉声叹气，成了困难的精神俘虏；有的人在困难面前，则高歌猛进，与困难去斗争，终于大获成功。这两种态度，一种是知难而退，一种是知难而进，一字之差，却反映了两种不同的人生境界。

知难而进、敢作敢为的人，可以化难为易；害怕困难、知难而退的人，即使本来容易做的事也难以办成。一个追求成功的人一定要修养和铸造自己不怕困难、知难而进的品格。要在困难面前成为强者，就要具有蔑视困难、进击困难的挑战性，就要具有越是困难越向前、百折不挠腰不弯的顽强性，还要具有失败面前不气馁、逆境之中不动摇的坚韧性。凡有作为、有成就者,都是知难而进的人。

困难是一所磨炼人格的学校,它将伴随我们一生。一个人一生中将会遇到无数大大小小的困难,没有困难的"世外桃源"是不存在的。任何成功都是战胜困难而取得的。要想不经过艰难曲折,不付出坚韧不拔的努力,一帆风顺得到成功,乃是痴人说梦。

精彩故事 2

❋ 在苦难大学里毕业的高尔基

高尔基从小跟着外祖父、外祖母一起生活。1878年,高尔基到城郊的小学念书了。这是专门为城市贫民子弟办的一所学校,但对高尔基来讲,即使是进这样的学校也是相当艰难的。因为原先富有的外祖父破产了,家里一无所有。懂事的小高尔基每天放学以后就背着一个破袋子,走遍郊区的街道捡破烂,骨头、破布、碎纸、铁钉,什么都要,然后卖给收垃圾的,换取一点点微薄的钱补贴家用。

家里的情况越来越糟糕,实在无法支付哪怕一丁点儿的学费了。就在这一年的秋天,小高尔基不得不离开学校到一间鞋店当学徒。日子过得真苦啊!除了要做好店里的工作,还得帮老板干各种家务活:洗衣服、拖地板、带小孩……每天都累得腰酸背痛,吃不好,睡不好。有一次做饭时,老板催着快点上菜,高尔基心里一急,拿着汤碗的手也不由得颤抖了起来,一不小心,刚煮沸的菜汤洒了一地,双手被严重烫伤,他被送进了医院。出院后,他被解雇了。

后来,高尔基去建筑工程制图师兼营造师谢尔盖耶夫那儿做学徒。说是学徒,其实根本学不到任何手艺,而是每天做婢女和洗碗工的活儿。店主只负责供给他一天三顿饭,此外既没有工资也没有任何自由。但是为了给家里减轻一点负担,高尔基默默地接受了这个事实。他每天都要擦洗铜器、劈柴、生炉子、洗菜、带孩子、跟老板娘上市场当跑腿,每逢周六还要擦洗全部房间的地板和两座楼梯。小小的高尔基,很早便尝到了人世的艰辛。

在这痛苦的现实面前,高尔基唯一的乐趣就是读书。但是在谢尔盖耶夫家里,读书被看成不务正业,被逮到了难免一顿毒打。但是,高尔基依然千方百计地去找书,然后冒着很大的风险,深夜爬到阁楼上,钻进棚子里,借着月光看书。高尔基读的书五花八门,龚古尔、福楼拜、斯丹达尔等人的作品让高尔基如痴如醉,俄罗斯美妙的古典文学让高尔基神魂颠倒,他贪婪地吮吸着知识的甘露。

16岁的时候,高尔基决心要去读书,上大学。他希望通过上大学为自己寻找光明的前途。于是高尔基来到了喀山。但是对一个穷孩子来说,填饱肚子都得努力挣扎,上大学根本就是不切实际的幻想。他每天一早就出去找活儿干,跟流浪汉们一起劈柴,搬运货物,晚上就住在城市的公园里、岸边的窖坑里,甚至树洞里、沟渠边。后来,他不再对上大学抱什么期望了,他清楚地知道,社会就是自己的大学,在社会的大课堂里,他将学到许多书本上没有的知识。

后来,高尔基根据自己的经历,写出了他的自传体三部曲——《童年》《在人间》《我的大学》。这些作品成了世界文学史上不朽的经典。

哲学智慧

把命运掌握在自己的手中。

生活的贫苦磨炼了高尔基的意志,使得他在饱尝苦涩的日子后变得更加坚强。

生活犹如一个大熔炉,经过烈火后有人变得软弱,有人变得坚强,有人虽熔化了却千古流芳。面对不佳的际遇、一时的坎坷,我们要正视自己,冷静地反省自己,而不要抱怨命运的不公,要在这困境中磨炼自己的意志,将自己磨炼成一块金子,一块熠熠生辉得足以让人一目了然的金子。

第八章

直面挫折,愈挫愈勇

在困难面前,永远不要轻易说放弃。放弃必然导致彻底的失败。而不放弃,总会找到解决的办法。只要坚持才能有所收获。

在人类历史上,有许多人虽然已丧失了他们所有的一切,然而他们并不放弃追求,他们仍然以不可屈服的意志和永不颓丧的精神奋斗,努力把自己从过去的失败中拯救出来,最终获得了成功。

1. 永不言败的人可以战胜一切困难

> 生活的境况愈艰难，我愈感觉到自己更坚强，甚至也更聪明。
>
> ——[苏] 高尔基

每一个人都有失败的时候，即使是常胜将军也是如此，但问题的关键在于，我们应该如何看待失败。如果你把失败看作对自己的否定，从此一蹶不振，那么你便是彻底的失败者；如果你把失败看作成功之母，学会从中吸收促进你成长的合理因素，那么失败则只能促使你成功。

跌倒以后，立刻站立起来，向失败夺取胜利，这是自古以来伟大人物的成功秘诀。

爱马森说："成功人士最明显的标志，就是他们拥有坚忍的意志，不管环境如何恶劣，他们的初衷与希望不会有丝毫的改变，并将最终克服阻力，达到所企望的目的。"

或许你要说，你失败很多次，所以再试也是徒劳无益；你跌倒的次数过多，再站立起来也是无用。对于意志永不屈服的人，绝没有什么失败！不管失败的次数怎样多，他们永远对胜利充满期望。

精彩故事 ❶

❋ **最受欢迎的马拉松选手**

你听过海耶士·钟士的事迹吗？他是1960年跨栏比赛的风云人物，他赢得一场又一场的比赛，打破了许多纪录，真是轰动一时。他顺理成章地被选为参加当年在罗马举行的奥运会的选手，参加110米跨栏比赛，全世界都认为他能赢得金牌。

但是，出乎意料的是，他并没有得到金牌，只跑了个第三名，这当然是个极大的挫折。他的第一个想法是："怎么办呢？我或许该放弃比赛。"要再过4年才会有奥运会,而且他已经赢得所有其他比赛的跨栏冠军,何必再受4年更艰苦的训练呢?看起来唯一合理的出路是退出比赛。

但是海耶士·钟士却不能安于这种想法。他又开始了训练。在以后的几年里,他再次在跨栏上创造了新纪录。

1964年,在纽约麦迪逊广场花园,钟士参加了60米跨栏赛。赛前他曾经宣布这是他最后一次参加室内比赛。大家的情绪都很紧张,每个人的眼睛都看着他。他赢了,平了自己以前所创的最高纪录!钟士跑完,走回跑道上,低头站了一会儿,答谢观众的欢呼。然后3万名观众都起立致敬。钟士感动得落泪,很多观众也流下眼泪来。一个曾经失败的人仍然继续坚持下去,决不放弃,而爱他的人们就爱他这一点。

后来他参加了1964年东京奥运会,在110米跨栏赛中跑出13.6秒的成绩,得了第一名,终于赢得了金牌。

哲学智慧

如果你想出人头地,请记住歌德曾说过的话:"不苟且地坚持下去,严厉地驱策自己继续下去。就是我们之中最微小的人这样去做,也会达到目标的。因为坚持的无声力量会随着时间而增长到没有人能抗拒的程度。"钟士的再度辉煌和超越,就在于他直面挫折,在比赛的失利中愈挫愈勇,最后超越了自己,获得人生大满贯。

这也告诉我们偶尔的失败和挫折不算什么,只要我们勇于面对,不言放弃,继续努力,最后定会获得成功。

精彩故事 ❷

✤ 不服输精神助她梦想成真

江丽是北京第二外国语学校日语系的高才生,毕业后来到一家中日合资企业工作。上班的第一天,她刚刚在办公桌前坐下,就接到了老板的电话,通知她筹备项目投资说明会,届时由本市的市长和日方领事馆人员参加。

过了一会儿,老板又把江丽叫了过去,问她刚才的事是怎么处理的,江

丽老老实实地回答,已经给对方打了电话。老板听了很不高兴,说打电话的方式不够礼貌,还说现在处理的每一件公务都代表着公司的形象,必须小心谨慎才是。

于是江丽又郑重其事地写了几份请柬,送给老板过目。老板看了仍不满意,说光简单地写上被邀请人的姓名还不行,还要在请柬的后面加上一句客气话。江丽委屈地做了第二次修改,挖空心思写了一句颇为热烈的寒暄语。她满怀信心地送给老板,可是老板又挑出了毛病:说只写明了开会的日期,却没有写明开会的准确时间,必须写明准确的时间,以示郑重。

江丽又做了第三次修改,以为这一次终于可以天衣无缝了。谁知没过10分钟,老板又一次打电话给江丽,告诉她刚刚接到市长秘书的电话,说市长的日程安排又有变化,准备提前20分钟到达,请她按照这个时间再拟一份请柬,并且重新安排会议的时间和内容。江丽在心里暗暗叫苦:没有想到,一份请柬就折腾了这么多次,刚刚踏上人生旅途的第一步就这样举步维艰。她想到了辞职,但是一种不服输的劲头让她振作起来。她仔细地检查了自己工作中的疏漏和不足,重新安排了投资说明会的时间和内容,又把接待工作认真检查了一遍,发现了一些准备工作中的不足之处,她及时与老板沟通,解决了可能出现的问题。

由于江丽全力以赴地努力,几天后的投资说明会开得非常成功,江丽也因此受到了老板的器重,很快被公司选送到日本学习。回国后,江丽成了那家公司的总经理助理。

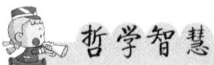

一份请柬被老板三番五次地挑出问题和毛病,再加之其间老板的态度,这对一个刚入职的人来讲,是莫大的挫折。可能很多人的反应是质疑自己的能力,并选择辞职,但江丽没有,她选择了坚持,并认真对待自己的过失。在不断完善请柬的过程中,她得到了提高并锻炼了自己的意志力,为她以后的成功埋下了伏笔,最终完成了从雏鸡到凤凰的转变。

这个故事告诉我们:失败的时候,千万不可一蹶不振,而是应该以更坚强的意志重返人生的战场,放弃只是胆小鬼的脱身之道,而绝不是成功的路径。

精彩故事 ❸

✳ 爱因斯坦的试验

爱因斯坦曾做过这么一个实验:他从一个村子里找来两个人,一个愚钝且瘦弱,一个聪明且强壮。爱因斯坦找了一块两英亩左右的空地,给他俩同样的工具,让他们比赛挖井,看最终谁先挖出水。

愚钝的人接到工具后,二话没说,脱掉上衣大干起来;聪明的人稍做选择,也大干起来。两个小时过去,两人均挖了两米深,也却未见到水。聪明的人断定自己选择错误,觉得在原处继续挖下去是愚蠢的,就另选了一块地方重挖,而愚钝的人仍留在原处。又两个小时过去,愚钝的人只挖了一米,而聪明的人又挖了两米深。这时,愚钝的人仍留在原处,而聪明的人又开始怀疑自己的选择,他又选了一块地方重挖。又两个小时过去了,愚钝的人身体越来越弱,他只挖了半米,而聪明的人在新的地方又挖了两米。两人均未见到水,聪明的人泄气了,断定此地无水,便放弃挖掘,离去了。愚钝的人此时体力早已不支,但他还是坚持在原处挖掘。在他又一次把一锨土掘出时,一股清水汩汩而出。比赛结果是愚钝的人获胜。

哲学智慧

看来,智商稍高、条件优越者也不一定会获得成功。成功偏爱那些具有意志力的人。

生活中,我们每个人都有自己做人的目标和方向,当我们的方向选准了,目标找对了的时候,意志力就显得十分关键。有的人能够按照自己的目标持之以恒地努力,结果成为成功的人;有的人则三天打鱼,两天晒网,做什么都没有常性,结果一生平庸甚至失败。

在麦当劳总部里,有一个非常精致的镜框。镜框里镶嵌着几句话。这几句话,正是麦当劳人尊崇的座右铭。上面写道:"在世界上,意志力是无法替代的。天赋无法替代它,有天赋却失败的人比比皆是;教育无法替代它,受教育却失败的人到处都有;才能无法替代它,有才能却失败的人随处可见。只有意志力是无所不能,所向披靡的。"

纵观古今中外的成功者,他们之所以能够攀登事业的高峰,和其拥有高度的责任感、强烈的进取心、百折不挠的意志力、锲而不舍的精神以及难以动摇的自信心是分不开的。

可见,具备良好的意志品质对人生多么重要。

2. 越险越要拼,越难越要搏

我们倒下去要爬起来,受到挫折要战斗得更好。

——[英]罗伯特·勃朗宁

人的成功离不开坚强的意志力的支撑,坚强的意志力是人们达到目的、获取胜利的重要条件。凡是有所作为、有所成就、对社会做出巨大贡献的人无不具有坚强的意志力。坚强的意志力对于孩子的健康成长,犹如空气、阳光和水。培养、锻炼孩子的意志力是对孩子将来成才的最佳投资和可靠的保障之一。

美国有位心理学家曾对千余名儿童进行了追踪研究,30年后总结时发现,成就与智力不完全相关,智力高的人不一定成就高。在800名男性受试者中,他把其中成就最大的人(占20%)与没有什么成就的人(占20%)做了比较,发现他们之中最明显的差别不是智力的高低,而是意志力的不同。成就大的人,都对自己的工作充满信心,具有不屈不挠的毅力,即意志力;而成就小的人,则缺乏这些品质。

孩子在成长的过程中,不免遭遇挫折,如何让他们正确对待和解决所遇到的困境是至关重要的,而其中最重要的就是他们的意志力。只要培养了孩子的意志力,也就交给了孩子开启成功之门的一把钥匙。

精彩故事 ❶

❋ 三个孩子的勇敢者游戏

一个严寒的冬天,三个男孩子路过一所学校。最大的叫亨利,还有一个叫詹姆斯,两个孩子一直品行不端,不仅自己老是惹麻烦,还唆使别的孩子去干坏事。最小的则是安分守己的乔治。

乔治并不愿干坏事,但他总想让自己胆子更大一点。为此,他甚至还挺羡慕亨利和詹姆斯,认为他俩敢作敢为,是孩子们的英雄。

这时,亨利提议:要是用雪球去砸教室的门,里面的老师和学生肯定会吓一跳,那可真好玩。詹姆斯立即随声附和。

亨利对两个人说:"我们在老师开门之前扔出雪球,等他们发现,我们早跑得远远的了,他不会知道是谁干的。这儿有一个又冷又硬的雪球,这事儿乔治就可以干,而且也不会被捉住。"

詹姆斯故意激乔治:"你让他试试,他一定不敢的。"

亨利也在一边为乔治打气:"你以为乔治是个胆小鬼吗?你太小瞧他了。来,乔治,拿上这个雪球,向他证明你并不是胆小鬼。"

乔治说:"我并非不敢,只是不愿意。这不是什么好事,更谈不上有什么快乐。"

詹姆斯说:"看吧,我就说他不敢。"

亨利说:"乔治,不会吧,你的胆子怎么变得这么小了,我还以为你什么都不怕的。来,就扔一下,别让詹姆斯把你看扁了,我知道你不会怕的。"

乔治说:"好的,我不怕,给我雪球,我能够砸了门而不被抓住的。"

"嘭!"雪球狠狠地砸在门上,3个小孩子撒腿就跑。

这样的场景,每个孩子都可能遇到过。什么才是勇敢?乔治的行为不是,他只是个被人耍弄的笨蛋。乔治干了错事,又招来嘲笑,真是自食其果。事实上真正的胆小鬼还是乔治,虽然他鼓起了"勇气"用雪球砸门证明给亨利他们看,但是就因为怕别人说他胆小,怕被人嘲笑,他连亨利的坏主意也

不敢拒绝。这算什么勇敢呢？

如果他是一个真正勇敢的人，他会说："亨利，你以为我会这么傻，中你的计吗？想扔你自己扔呀！"

也许亨利还会笑他是胆小鬼，但乔治可以说："我不会在乎你说什么的。用雪球砸门是不对的，我不做我认为不对的事，就算全城的人都来讥笑我，我也不会做的。"

这才是真正的勇敢。假如亨利看到这样的情景，知道乔治有一颗坚定的心，他就不会嘲笑他了。这个故事告诉我们，即使你遭遇困境，或是被所有人反对，你都要有一股无畏的勇气，去坚持你自己认为应当坚持的东西。如果你缺少这种勇气，或者是自认为勇敢而去与坏人坏事同流合污，你在未来的人生中会遇到更大、更多的挫折。记住这句话：任何挫折都要勇敢面对，但勇敢绝不是拿来给别人看的。

精彩故事 ❷

※ **一场以少胜多的战斗**

敢于冒险是一种大智大勇的表现。这里有一个很典型的事例：

查尔斯·纳皮尔爵士是一位曾在印度执政、有着过人胆识和非凡声誉的人。他的一位朋友在谈到纳皮尔指挥的一次战役时说，他所领导的米亚利战役简直是战争史上的奇迹。当时，他的队伍中欧洲人只有400。但是，他所遭遇的敌军是一支多达3 500人、装备十分精良的比罗基人的劲旅。显而易见，这是一次极为勇敢而且近乎鲁莽的行动。在胜利欲望的支配下，他冲入比罗基部队之中，抢占了一道高堤，并借此作为战斗堡垒。这场性命攸关的战斗，持续了3个小时。在纳皮尔精神的鼓舞下，每个战士都英勇善战，奋力拼杀。这次战斗，虽然比罗基人力量上占有很大的优势，但是，结果却出人意料，比罗基人被杀得溃不成军，狼狈而逃。

正是这种敢于冒险的性格和求胜之欲使纳皮尔赢得了这场战斗的胜利。事实上，每一次战斗的胜利都是如此。赛马中往往是以一步领先而获胜,但是正是这一步显示出了活力;赢得一次战役的胜利往往就是多了一次行军之苦;而赢得一次战斗的胜利往往是多了5分钟拼杀的勇气和毅力。

也许你的力量不及他人,但是,只要你多坚持一会儿,力量更集中一些,你就有可能和对方打成平手,甚至赢得胜利。

风险与机遇并存,机遇与风险同在。在风险之中隐含着机遇,在机遇之中也会充满着风险,这是辩证统一的,并且风险越大,其机遇给予的成功指数也越大。有时候,要成为成功者,就必须断绝自己的一切后路,勇往直前。只有越险越拼,越难越搏,才能达到目的。只有以超人的胆略勇敢拼搏,并敢于承担风险,才能获取巨大的成功。在决定冒险之前,先要做判断,只要在观察准确、目标正确的情况下,风险就会化作机遇。

精彩故事 3

❋ 遇险而进的学者

1988年7月,深圳市政府发布了一条引人注目的消息:将对一批小汽车营运车牌公开拍卖,让特区与港澳企业一块进行公开竞投。消息传来,吴志剑跃跃欲试,特意召开公司董事会共商。

董事会上,一片反对声。他们的理由是:放着热门的贸易不做,何必冒风险去专营运输呢?

吴志剑只好站出来陈述:"董事会大多数成员的意见我是应当尊重的,但我有点看法想说一说,看大家是否能接受……"

于是吴志剑谈道:"湖南省在深圳的企业有100多家,全国在深圳的企业有5 000多家,可是没有一家是搞汽车营运的,都被深圳当地垄断。为什么不尽可能打破这个垄断?商业就应该有一个公平竞争的环境,市政府此举,还是有胆量的,为何我们不做一下尝试?现在市面上出租车漫天要价,拒载现象严重,为了赚外汇和中饱私囊,许多司机只拉港客,不载内地人。小汽车出租营运业是一个城市的镜子,外国人和内地人来此地,常常是通过这面镜子来了解这个城市的,事关特区的荣誉和影响。如果我们办一个'的士'公司,以高质量服务享誉社会,这对改善深圳市出租车服务水平,提高政华公司的社会形象大有益处。况且今后按经济规律办事,营运车牌都纳入商品化轨道,早买总比晚买好。"

董事们终于被他说服了,决定参加汽车营运车牌的公开拍卖会。

拍卖会在深圳会堂进行。这是深圳第一次实行营运车牌公开拍卖,是改革中的一次大胆尝试。前来视察的中央政治局委员李铁映和深圳市委、市政府领导亲临现场。深圳市百余家企业领导前来观战,几十家企业经理摩拳擦掌,志在必得。

最终通过激烈的竞价,政华以19.4万元与深圳其他4家企业各买到28个"的士"牌照。掌声响起来。观众纷纷站起,记者争先恐后地拥到吴志剑身边。

"你们是哪里的公司?"

"政华贸易公司。"

"政华贸易公司?没听说过。"

"你此刻有何感受?"

吴志剑微笑着回答记者们:"我们政华公司不仅重视经济效益,也注重社会效益,一个企业应该树立一个良好的社会形象。汽车运营本身就是为社会服务的行为,社会需要的事,我们有能力就应该做。我就是带着这一宗旨参加竞拍的。"

当晚,深圳电台播发了政华公司参加竞拍的新闻,报刊也纷纷刊载了记者采访的消息报道。

一个月后,吴志剑的"国润小汽车服务公司"成立了。

现在,国润小汽车服务公司已由28辆车发展到478辆车,除每年创利2 400多万元外,仅车牌本身就增值4 000多万元。

哲学智慧

这个故事告诉我们:要想获得美好的机遇,要想夺取成功,就要敢于冒风险,投身危险的境地,去探索创造,不要瞻前顾后,不要害怕失败。

冒险免不了有失败。但从人生的根本意义来讲,冒险失败胜于安逸平庸。惧怕失败、不冒风险、求稳怕乱、平平稳稳地过一辈子,虽然可靠,虽然平静,虽然可以保住一个"比上不足,比下有余"的人生,但那真是一个悲哀而无聊的人生,一个懦弱的人

生。其痛惜之处在于,自己葬送了自己的潜能。本来可以摘取成功之果,分享成功的最高喜悦,却甘愿把它放弃了。与其造成这样的悔恨和遗憾,不如勇敢地去闯荡和探索。

精彩故事 ❹

❋ 第101次站起来

1955年,张海迪出生在山东半岛文登市的一个知识分子家庭里。五岁的时候,张海迪患了病,胸部以下完全失去了知觉,生活不能自理。医生们一致认为,像这种高位截肢的病人,一般很难活到成年。在死神的威胁下,张海迪意识到自己的生命也许不会长久了,她为没有更多的时间学习而难过。于是,她更加珍惜分分秒秒,用勤奋的学习和工作去延长生命。她把自己比作天上的一颗流星。她在日记中写道:"我不能碌碌无为地活着,活着就要学习,就要多为群众做些事情。既然我像一颗流星,我就要把光留给人间,把一切奉献给人民。"

1970年,张海迪跟随带领知识青年下乡的父母到莘县尚楼大队插队落户。在那里,她看到当地群众缺医少药带来的痛苦,便萌生了学习医术以解除群众病痛的念头。她用自己的零用钱买来了医学书籍、体温表、听诊器、人体模型和药物,努力研读《针灸学》《人体解剖学》《内科学》《实用儿科学》等书。为了认清内脏,她把小动物的心、肺、肝、肾切开观察;为了熟悉针灸穴位,她在自己身上画了红红蓝蓝的点儿,在自己的身上扎针,体会针感。她以顽强的毅力,克服了许许多多的困难,终于掌握了一定的医术,能够治疗一些常见病和多发病。在十几年的时间里,张海迪为群众义务治病达一万多人次。

后来,张海迪随父母迁到县城居住,一度没有工作可做。她就从保尔·柯察金和吴运铎的事迹中寻找力量,从高玉宝写书的经历中得到启示,决定走文学创作的路子,用自己的笔去塑造美好的形象,去启迪人们的心灵。

这以后,张海迪读了许多中外名著,她还写日记、背诗歌、抄录华章警句,还在读书写作之余练素描、学写生、临摹名画,学会了识简谱和五线谱,并能用手风琴、琵琶、吉他等乐器弹奏乐曲。现在她已是山东省文联的专业

创作人员,她的作品《轮椅上的梦》一经问世,就在社会上引起了强烈反响。

认准了目标,不管面前横隔着多少艰难险阻,都要跨越过去,到达成功的彼岸,这便是张海迪的人生信念。

有一次,一位老同志拿来一瓶进口药,请她帮助翻译文字说明,可张海迪不懂英文,看着这位同志失望地走了,她的心里很不安。从此,她便决心学好英语,掌握更多的知识。她的墙上、桌上、灯罩上、镜子上乃至手上、胳膊上都写上了英语单词,她还给自己定下了每天晚上不记住10个单词就不睡觉的规定。

家里来了客人,只要会点英语的,都成了她的老师。经过七八个年头的努力,她不仅能够阅读英文版的报刊和文学作品,还翻译了英国长篇小说《海边诊所》。当她把这部译稿交给出版社的总编时,这位年过半百的老同志感动得流下了热泪,并认真地为该书写了序言:路,在一个瘫痪姑娘的脚下延伸。

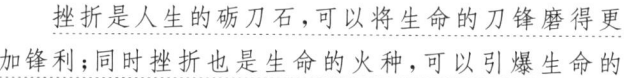

人生的征程中充满挫折与风险,只有那些无所畏惧地去迎接挑战的人,才能化困境为机遇,才会让人生活得更有意义。

挫折是人生的砺刀石,可以将生命的刀锋磨得更加锋利;同时挫折也是生命的火种,可以引爆生命的火药,使之释放出巨大的潜能。一个有着果断和自信品质的人会毫不犹豫地接受这样的挑战,因为这种挑战是他早已预料到的东西。事实上,挫折里面常常包含着许多出人头地的机会,挫折到来时也就是我们开始行动的最佳契机。

逆境能培养人难能可贵的意志力量。长期的逆境生活可以锤炼人,培育人的耐心、恒心、韧性和悟性。在事业的搏击中,往往毅力比智力更宝贵。"锲而不舍,金石可镂""飞瀑之下,必有深潭",只有持之以恒,穷追不舍才能获得成功。不舍的精神,常常在逆境的磨炼中才能造就。身处逆境者应该时时想到,思想的波涛已到了悬崖口上,再前进一步,就会变成宏伟壮观的瀑布,以此不断自励,终能迎来光明的未来。

3. 绝不拿困难做挡箭牌

> 大自然给予人们困难时,也给人们增添了一份智力。
> ——[英]弗朗西斯·培根

生命并不是一帆风顺的幸福之旅,而是时时摆动在幸与不幸、沉与浮、光明与黑暗之间。我们不能拒绝面对各种麻烦,而麻烦也不会因此获得解决。苦难是人类生活的一部分,只有实实在在地去面对,人才会成长,才会变得成熟。

孟子说:"自暴的人,不必与他交谈。自弃的人,不必与他同事。因为他会把你带进消极的边缘。"可以说,追求成功应该成为人们永恒的主题。

对喜欢逃避责任的人来说,困难是最好的挡箭牌。你也许听过许多人把失败的原因归咎于没有受过大学教育——对这些人来说,假如他们真受了大学教育,他们仍能为自己找出许多各式各样的理由。成熟的人则不会,他们会想办法去克服困难,而不是找借口去规避困难。

精彩故事 1

❋ 躲在蜗壳中的人永远也长不大

麦可21岁就进入军中服役,并且奉命参加以色列和阿拉伯之间的战争。他的眼睛在一次战役中受了严重的伤,眼睛因此看不见东西。虽然他承受这么大的伤害,个性仍然十分开朗。他常常与其他病人开玩笑,并把配给自己的香烟和糖分赠给好朋友。

医师们都尽心尽力地想恢复麦可的视力。一日,主治大夫亲自走进麦可的房间向他说道:"麦可,你知道我一向喜欢向病人实话实说,从不欺骗他们。麦可,我现在要告诉你,你的视力是不能恢复了。"

时间似乎停止下来,房间里呈现可怕的静默。

"大夫,我知道。"麦可终于打破沉寂,平静地回答说,"其实,我一直都知道会有这个结果。非常谢谢你们为我费了这么多心力。"

几分钟之后,麦可对他的朋友说道:

"我觉得我没有任何理由可以绝望。不错,我的眼睛瞎了,但我还可以听得很好,讲得很好啊!我的身体强壮,不但可以行走,双手也十分灵敏。何况,就我所知,政府可以协助我学得一技之长,以让我维持生计。我现在所需要的就是适应一种新生活罢了。"

这就是麦可。一名拥有明亮视野的盲眼士兵。由于忙着计算自己所拥有的幸福,因此没有时间去诅咒自己的不幸。这便是百分之百的成熟——我们解决问题的方法。

哲学智慧

只有勇敢地面对人生,行动起来,向困难挑战,才能主宰自己的命运,到达成功的彼岸。

上帝并不偏爱任何人。作为一个人,我们都得历经一些苦难,正好像我们也历经许多欢乐一样。在受苦受难的经历里,我们每个人都是平等的。无论是国王或乞丐、诗人或农夫、男性或女性,当他们面对伤痛、失落、麻烦或苦难的时候,他们所承受的折磨都是一样的。无论是任何年纪,不成熟的人会表现得特别痛苦或怨天尤人,因为他们不了解,生活中的种种苦难,诸如生、老、病、死或其他不幸,其实都是人生必经的阶段。麦可的故事告诉了我们一个道理:躲进蜗壳中的人永远也长不大!

精彩故事 ❷

❋ 只要坚强地站起来就是成功

儿科病房里,躺着两个可爱的小女孩,她们都因为患有先天性心脏病而接受了手术治疗。手术使得小女孩幼嫩的胸脯上留下了一道永远不会消除的伤疤。

一个小女孩很伤感,常常泪水涟涟地说:"这可恶的伤疤使我不再完美,我诅咒它!"而另一个小女孩却笑盈盈地对人说:"感谢这个伤口,它使我拥

有了美好的生命,我感激它!"

不同的心态,对所发生事件的评价是如此不同,它必然会对处理问题的态度发生影响,也会对今后的生活之路产生影响。

还有这样一个例子也很值得琢磨:两个工程师合作承担了一项研究项目,在项目即将完成时,做了一次试验,结果,出乎意料地失败了,他们从中发现了一些以前未曾预见的问题。

面对挫折,一位工程师陷入了深深的自责之中,甚至怀疑自己是否还有完成这项研究项目的能力;而另一位工程师却为此感到欣慰:幸好现在及时发现了问题,这样可以避免在这个项目投入实际运作时出现更大的错误。

哲学智慧

孩子,遭遇挫折确实会使我们的心情变坏,但从另一个角度思考,这也未尝不是一件好事。挫折教训了我们,让我们知道究竟是什么原因使我们碰到麻烦,导致失败。所以,挫折是我们人生中必不可少的老师。不管遇到什么挫折,我们都要像故事中乐观的

小女孩与乐观的工程师一样,不抱怨,不自责,乐观积极地面对。只有积极的心态,才能使我们迎战突如其来的挫折,不被挫折所击垮。也只有这样,我们才能从挫折中获取有益的经验和教训,继续走上成功的道路。

精彩故事 3

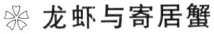

※ 龙虾与寄居蟹

龙虾与寄居蟹在深海中相遇,寄居蟹看见龙虾正把自己的硬壳脱掉,只露出娇嫩的身躯。寄居蟹非常紧张地说:"龙虾,你怎么可以把唯一保护自己身躯的硬壳也放弃呢?难道你不怕有大鱼一口把你吃掉吗?以你现在的情况来看,连急流也能把你冲到岩石缝里去,到时你不死才怪呢!"

龙虾气定神闲地回答:"谢谢你的关心,但是你不了解,我们龙虾每次成长,都必须先脱掉旧壳,才能长出更坚固的外壳,每更换一次新壳,我们都会变得更加强壮。虽然暂时会面对危险,那只是为了将来生活得更好而做出的必要准备。"

寄居蟹对这番话毫不理解,仍旧安心地待在别人的躯壳中。

终于有一天,往日安静的深海中来了一个不速之客——大乌贼鱼。这个家伙十分凶残,凭着坚硬的牙齿可以轻易地咬碎其他甲壳类的深海居民。乌贼先是发现了已经"装备一新"的大龙虾,猛扑了过去,龙虾利用两只大钳,奋起反抗。在一番殊死搏斗中,乌贼被龙虾剪断了两只触须,狼狈地败下阵来,但在退却的路上看到寄居蟹。乌贼毫不费力地把它当作自己的战利品,美餐了一顿。

哲学智慧

孩子,你要做什么样的人呢?是像寄居蟹一样,自己整天只找可以避居的地方,而没有想过如何令自己成长得更强壮,整天只活在别人荫庇之下,永远都限制自己的发展;还是像龙虾一样,在危险中变得勇敢,在困境中变得强壮,依靠自己战胜一切困难的挑战呢?

孩子,你要记住,在你一生的成长过程中,出现风险是必然的。想要成就未来,必定要与风险拼搏。要知道所有的成功都是靠付出和拼搏换来的,靠顽强的信念和勇敢的斗志实现的。虽然,我们现在还小,只要我们坚定一种必胜的信念,勇敢地拼搏,一定会像龙虾一样,越来越强壮,越来越不可战胜。同时,孩子们还要知道,困难可以诱发人生命中坚强的潜力,危险可以开启生命中勇敢的潜力,这两者都能引发出生命的光芒。困难越多,危险越大,成功发出的生命光芒也越大。

在这个社会中,对于那些害怕危险的人,危险无处不在。每个人在成长中都会遇到危险,想超越自己不断成长进步,就不要害怕危险,安于现状,而应当勇于接受挑战,充实自我,你一定会发展得比想象中更好。

我们需要做的就是接受生活的本来面貌:生活就是一场大冒险。即使失败也是财富,这样的财富谁积累得越多,谁的人生就能走得越远。其实每个正常的孩子,智商都差不多,但只有具备胆量和勇气的孩子,才会在困难与挫折中,成功地长大成才。只有练就敏锐的观察力和准确的判断力,才能走常人不敢走的路,才能在走入社会之后做一个真正的成功者。

精彩故事 ❹

❋ **在挑战困境中走出自己的路**

法国巴黎的玛索太太生活贫困,她丈夫因车祸去世,两个女儿还很小。有一天,她到冷饮店叫了一份冰淇淋给两个女儿吃,忽然她看见店内摆着坏掉似的馅饼。于是她毛遂自荐问店主要不要买她自制的馅饼。玛索太太对店主说:"我对烹饪非常自信,住在别的地方时,做过的馅饼非常受人欢迎。"

于是,她接到了两个馅饼的订单。其实,玛索太太并不擅长做馅饼,但她愿意学,于是,她拜托隔壁的托尼太太教她如何做苹果饼。最初只是做苹果饼和柠檬饼两种,出乎意料的是她做的饼竟然得到冷饮店的好评,她马上又接到了5个馅饼的订单。从那以后,其他商店也纷纷向她订货。这样一来,她一年大概要做5 000个馅饼,这些都是在她的狭窄的厨房中完成的,除去成本,一年可以净赚1 000美元,玛索太太从而顺利地摆脱了贫困。

后来,玛索太太由于在家制馅饼的需求量激增,她就开了一家专卖店,并且雇了两名女孩帮忙。她经营的食品包括水果派、蛋糕、面包、蛋卷等,经营好的时候,客人如果想买她店里的食品,得排上一个小时的队。

玛索太太说:"我现在终于知道创业对于我来说意味着什么了,我感觉自己生活得很快乐,一天工作12~14个小时。但是对我而言,这不是工作,我根本不觉得疲倦,那可以说是生活里的一种热诚的态度,我希望能摆脱贫穷,谋求幸福而努力地工作着,连烦恼的时间都没有。失去丈夫的我,已经用工作填补了我心灵上的空虚。"

无独有偶,奥兰妮成功的故事也很类似。

奥兰妮的丈夫因劳累病倒。为了维持一家的生计,奥兰妮必须赚钱,可是她没有一技之长,又没有经验,更没有资本,她只是一个普通的妇道人家而已。然而,奥兰妮没有胆怯,她做了几个砂糖饼后,就到附近的学校门口去卖。最初的一个礼拜她就赚了4块美金。4年之后,她在芝加哥开了间专卖店,又过了5年,这个妇人已经拥有17家连锁。更重要的是,她对生活的热忱,不仅使她自己感到很快乐,也感染了她的孩子和她周围的人。

哲学智慧

以上两个都是普通的家庭妇女以自己的行动为我们树立榜样的例子。从她们的身上我们可以得到这样的启发：任何人都可以选择创业这条路，只要你有勇气、有胆量并努力去付诸行动，那么你就一定能走出一条属于自己的路，并实现你美好的创业梦想。

当然，你决定走新路的时候，一定会面对各种各样的困难。有时候，连你最亲近的家人和朋友也会联合起来给你泼冷水，反对你。但你必须勇敢地坚持己见，只要你能用自己的实际行动取得成功，证明自己是正确的，反对声自然就会消失了。

著名作家王尔德说："只有缺乏想象的人，做事才会一成不变。"所以你不要墨守成规，总是过着单调、乏味而且与成功无缘的日子。你可以尝试着从一点一滴改变自己，不要在6点5分起床，而要在5点6分起床；开车上班时，找一条新路；周末不再加班，陪妻子、孩子一起去公园散步……

一个人要想有所成就，就不能墨守成规，甘于吃别人嚼过的馍；对于家长、专家、权威们也不能唯唯诺诺、亦步亦趋；而必须勇于跨越雷池，走出属于自己的新路。

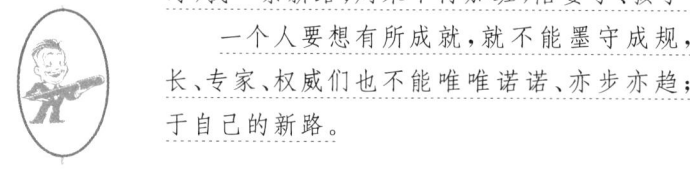

第九章

勇于面对学习与生活中的挫折

挫折是人生的课堂和财富,也是生命的营养和摇篮。青少年朋友们在生活和学习的路上遇到困难,遇到挫折时,不必惊慌,不必无助,不必沮丧,只要从心里涌起勇敢的力量,鼓励自己站起来,直面学习和生活中的挫折,就能战胜它们,就能踏上沉稳的台阶,展现在你面前的将会是一幅美好的远景。

1. 不怕学习中的挫折

> 挫折是通向真理的桥梁。
>
> ——[德]歌德

学习是一个求知并自我发现的过程。这个过程充满了挫折,对青少年来说是一种探索,是一种考验,也是一种冒险。

学习上的挫折经常是青少年烦恼的来源,也是青少年出现问题的重要诱因。因为所处年龄段的限制,他们往往不能化解这些烦恼和问题,从而走不出学习不好的阴影,最后虚度了年华,浪费了学习的大好时光。

其实,学习上的挫折并不可怕,只要对自己充满信心,寻找到适合自己的学习方法,通过不断地努力,提高学习成绩并不难。一时的落后并不可怕,只要用坚强的毅力去克服遇到的苦难,你就能改善自己的学习情况,就能战胜学习上的挫折,成为学习上的佼佼者。

学习上的挫折不可怕。只要反思自身存在的种种问题,克服学习中存在的种种坏毛病,采用最有效的学习方法,养成良好的学习习惯,就能够使学习成绩不断地回升,达到自己的预期。

我们要坚信学习上的挫折不可怕。只要找对原因,对症下药,就一定能够突破自我,提高学习效率,成为一名优秀生。

精彩故事 1

❋ **从倒数第一到名列前茅**

50多年前,在英国牛津市的一所学校里,有一个学习成绩很差的学生,他在班里的成绩排名经常是倒数第一,什么拉丁文、数学、法语……他总是只得3分。谁也没有想到,50多年后,他会站在瑞典斯德哥尔摩的大厅里,领取2001年的诺贝尔生理学奖和医学奖。他曾笑着说:"小时候成绩差,不必自卑,它不能决定一个人的一生。"这个人就是英国生物学家蒂姆·汉特。

他因1982年发现了在细胞分裂过程中对细胞分裂周期起控制作用的一种蛋白,荣获2001年诺贝尔生理学奖和医学奖,据说他的研究对人类最终攻克癌症难关将起到很大的作用。

一个小时候成绩很差的学生,为什么最终能成为一位成绩卓越的科学家呢?许多人都想知道其中的奥秘,那么,就用汉特博士自己的话来说:"我清楚自己喜欢什么,适合什么。"

汉特是在牛津大学的校园里长大的。牛津大学的科普环境非常好,各系经常举办科普讲座,谁都可以去听,汉特经常是第一个到场。在纪念达尔文进化论发表100周年时,生物系举办了各种讲座,讲物种起源、人体的新陈代谢。这些讲座深深地吸引了汉特,他觉得生物体真是太奇妙了。对生物学的浓厚兴趣,使得汉特在学习上出现了明显的偏科,他的生物课成绩是班上最好的,而拉丁语较差,数学简直是一团糟。

尽管偏科不好,但汉特还是"因祸得福",因为他并不是由于讨厌哪门课而不好好学,或者是放弃哪门课,他只是自然而然地学,各门功课都没有特别下功夫。这样一来,他反而清楚了自己究竟喜欢什么,适合什么。比如,他在中学时就知道自己不是搞数学和物理的材料。他曾开玩笑说:"我11岁就成为拉丁文极差的生物学家。"

考上剑桥大学生物化学系之后,汉特就一头扎进了自己所喜欢的专业中,学了个痛快。此时,剑桥大学的不少学生还在犹豫和选择,还不知道自己适合干什么,能够干什么。而汉特却从未怀疑过自己的志向。

汉特很明白,如果一个人不清楚自己适合做什么,别人也不会给他指出来。即便一个学生的某一门功课很差,人们出于好心,也总会鼓励他"加把劲儿,你能行"。实际上,人确实是各有所长,有自己最喜欢和最适合做的事,只有明白了这一点,每个人才能最大限度地挖掘自己的潜力,才能干出一番成就。

可是很多年轻人确实不清楚自己的所长所短,不知道自己究竟适合干什么。怎么办呢?汉特说:"那你就去做各种各样的事情,不要光闷在教室里读书,要通过广泛的活动来确定自己的爱好和特长。"

哲学智慧

其实,很多时候我们的学习压力来自于我们对自己的认识不深,进而不能全身心投入,以至于有挫败感。我们从小就要有意识地发现自己的兴趣,培养自己的特长,想清楚我们适合干什么,不适合干什么。这样有的放矢地努力,学习目标明确,压力感就越来越小,成就感就越来越大。

精彩故事 ❷

❋ 水滴石穿

我国著名生物学家童第周出生在浙江鄞州区的一个小山村。他家境贫寒,上不起学堂,只能一边跟父亲念古书,一边帮助家里劳动。

童第周小时候好奇心非常强,遇到不懂的问题就要问父亲为什么,父亲每次都不厌其烦地耐心给他讲解。

有一天,小童第周看到屋檐下的石阶上整整齐齐地排列着一行小坑坑,他觉得十分奇怪,琢磨半天弄不明白是怎么回事,便去问父亲:"父亲,那屋檐下石板上的小坑是谁敲出来的?是做什么用的呀?"父亲看到儿子这么好奇,高兴地说:"这不是人凿的,这是檐头水滴下来敲的。"

小童第周更加奇怪了,水还能把坚硬的石头敲出坑吗?父亲耐心地解释说:"一滴水当然敲不出坑,但是天长日久,点点滴滴不断地敲,不但能敲出坑,还能敲出一个洞呢!古人不是常说'水滴石穿'吗?就是这个道理。"父亲的一席话,在小童第周的心里激起了一阵阵涟漪。他坐在屋檐下的石阶上,望着父亲,似懂非懂地点了点头。

由于农活比较多,小童第周对学习有时候会失去兴趣,不想读书了。父亲耐心地开导他:"你还记得'水滴石穿'的故事吗?小小的檐水只要长年坚持不懈,就能把坚硬的石头敲穿。难道一个人的恒心不如檐水吗?学知识也要靠一点一滴积累,坚持不懈才能获得成功。"为了更好地鼓励儿子,父亲写了"水滴石穿"四个大字赠给他,并充满期望地说:"你要把它当作你的座右铭。"从此,童第周发愤图强,不断地努力着。

17岁那年,童第周想报考宁波效实中学。这所中学是浙江省的一所名牌学校,入学成绩特别高,而且年内只招收三年级插班生。家里人都劝他不要异想天开,然而,童第周胸有成竹地答道:"我拼上一个暑假,准行!"

考试结果公布,童第周果真被录取了。他成了效实中学有史以来第一个没有上过中学而考取三年级的插班生。

不过,不少人仍在猜测,这个山村娃子究竟能不能跟上。第一学期,他的总平均成绩只有45分,英语更是考得糟糕。学校动员他退学或降级,他含着眼泪,一再向校长请求再跟班试读一学期。学校勉强同意后,他便以惊人的毅力去攻克学习难关。早晨天不亮,他就悄悄起床,在路灯下读外语;夜里同学们都睡了,他仍然站在路灯下自学功课。学监发现了,关上路灯逼他进屋。他趁学监不注意,又跑到厕所外的灯下学习,把学监也感动了。

就这样,第二学期他终于赶上来了,总平均成绩70分,几何还考了100分。

直到晚年,童第周还对此记忆犹新,他说:"这使我知道,我并不比别人笨。别人能办到的事,我经过努力也能办到。世界上的天才是用劳动换来的。"

哲学智慧

俗话说,没有学不好的知识,只有不努力的学生。无论做什么事,只要我们有恒心,就一定会取得成功。知识是一点一滴积累而成的,需要我们长期坚持不懈地努力。

在学习上我们也应该具有"水滴石穿"的精神。当确定了一个学习目标,我们就要用不败的信心坚持走下去。"只要功夫深,铁杵磨成针",学习也是这样。世界上没有百分之百的天才,只有向着梦想一直勤奋地走下去的人,才能收获累累硕果。

精彩故事 ❸

❋ 笨头笨脑的小学生

1879年3月14日,一个小生命诞生在德国一个叫乌尔姆的小城。父母给他起了一个听起来很有希望的名字:阿尔伯特·爱因斯坦。

看着孩子那可爱的模样,父母对他寄托了全部期望。然而,没过多久,父母就开始失望了:人家的孩子都开始学说话了,已经三岁的爱因斯坦才开

始咿呀学语。后来,爱因斯坦的妹妹,比他小两岁的玛伽都能和邻居交谈自如了,爱因斯坦说起话来却还是支支吾吾,前言不搭后语的。看着举止迟钝的爱因斯坦,父母开始忧虑,他们担心他的智能是否会不及常人。

爱因斯坦10岁时,父母才把他送去上学。可是在学校里,爱因斯坦受到了老师和同学的嘲笑,大家都称他为"笨家伙"。学校要求学生上下课都按军事口令进行,由于爱因斯坦反应迟钝,经常被教师呵斥、罚站。有的老师甚至指着他的鼻子骂:"这小东西真笨,什么课程也跟不上!"

一次工艺课上,老师从学生的作品中挑出一张做得很不像样的木凳对大家说:"我想,世界上也许不会有比这更糟糕的凳子了!"在哄堂大笑中,爱因斯坦红着脸站起来说:"我想,这种凳子是有的!"说着,他从课桌里拿出两个更不像样的凳子,说:"这是我前两次做的,交给您的是第三次做的,虽然还不行,却比这两个强得多!"一口气讲了这么多话,爱因斯坦自己也感到吃惊。老师更是目瞪口呆,坐在那里不知说什么好。

在讥讽和侮辱中,爱因斯坦慢慢地长大了。后来他升入了慕尼黑的卢伊特波尔德中学。在中学里,他喜欢上了数学课,却对其余那些脱离实际和生活的课程不感兴趣。孤独的他开始在书籍中寻找寄托和精神力量。书籍和知识为他开拓了一个广阔的空间。视野开阔了,爱因斯坦头脑里思考的问题也更多了。

1895年秋天,经过深思熟虑,爱因斯坦决定报考瑞士苏黎世大学。可是,他失败了,他的外文不及格。落榜后的他没有气馁,参加了中学补习。一年以后,他获得了中学补习合格证书,并且考入了苏黎世综合工业大学。这时的他,已经在为自己的未来做准备了。

爱因斯坦大学毕业时,正赶上经济危机爆发,由于他既没有关系,又没有钱,只好失业在家。为了生活,他到处张贴广告,靠讲授物理获得每小时3法郎的生活费。这段失业的时间,给了爱因斯坦很大的帮助。在授课过程中,他对传统物理学进行了反思,促成了他对传统学术观点的猛烈冲击。经过高度紧张的五个星期的奋斗,爱因斯坦写出了9 000字的论文《论动体的电动力学》,狭义相对论由此产生。可以说,这是物理学史上的一次决定性的、伟大的宣言,是物理学向前迈进的又一里程碑。

阿尔伯特·爱因斯坦,这个当年被老师认为"干什么都不会有作为"的笨学生,经过艰苦的努力,成为现代物理学的创始人和奠基人,成为现代最杰出的物理学家之一。

哲学智慧

从故事中我们不难看出,正是勇于面对学习中的挫折,认真地学习,使爱因斯坦由笨头笨脑的小孩变成了科学巨人。任何人在学习过程中都会遇到挫折,学习中的挫折并不可怕,可怕的是我们自己先否定了自己。只要我们肯为学习付出努力,并配合正确的方法,就一定会学有所成。

2. 不怕人际交往中的挫折

破裂的友谊能够恢复。

——[英] 托·富勒

青少年在成长过程中,并非一帆风顺。世界不是那么太平,校园也并非完全是一方净土,别人的"欺负",包括校园小"霸主"的敲诈、抢劫,同学们的挤兑、恶作剧、乱起外号,还有流言蜚语与恶语中伤等,都会使你身心备受伤害与折磨。

这些挫折常常会不知不觉地出现在青少年的面前。那么对此该怎么办呢?胆怯与忍让是不行的,需要的是以坚强的勇气去斗争,以巧妙的智谋去回击。

挫折是可以战胜的,只要你拥有智慧的大脑,善于撑开自我保护的伞,你就会生活得平安而又健康。

握一把自我保护的"利剑",构筑一道自我防卫的坚强堡垒,相信你终会如鱼得水,遨游在知识的海洋里;如鹰翔空,飞掠过万水千山。

精彩故事 1

❋ 有些人说的不一定是事实

小女孩索尼亚在农场附近的一所小学里上二年级。有一天她回家后很委屈地哭了,父亲就问原因。她抽噎着说:"班里一个同学说我又丑又笨,还说我走路的姿势难看。"父亲听后,只是微笑。

忽然他说:"你能摸得着房顶上的天花板。"还在哭泣的索尼亚听后觉得很惊奇,不知道父亲说的是什么意思,就反问:"你说什么?"

父亲又说了一遍:"你能摸得着房顶上的天花板。"

索尼亚忘记了哭泣,抬起头看着天花板,心想:"那么高,父亲蹦起来都够不着,我怎么摸得到呢?"

父亲笑着得意地说:"不信吧? 那你也别信你那个同学的话,因为有些人说的并不是事实!"

父亲的话让索尼亚开始明白,不能太在意别人说什么,要自己拿主意!

索尼亚长大后成了一名演员。有一次,她要去参加一个公益活动。但经纪人告诉她:"雪下得太大,再说你也没有必要去参加这种对你的演艺事业没什么帮助的活动。"经纪人的意思是,索尼亚应该参加一些大型的集会和活动,这样才能提升自己的名气。索尼亚坚持要去,因为她相信自己做的没错。

那次公益活动因为有了索尼亚的参加,举办得非常成功。而索尼亚也得到了各方面的赞许,她的名气和人气也因此骤升。

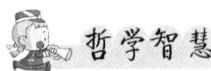

人与人相处,总会遇到各种各样的矛盾。如何正确处理这些矛盾是一种智慧,更是一种成长。面对他人的不友好,我们要以正确的心态去面对,并以积极的态度去化解。当自己的想法和意见得不到众人的理解与支持,前行的脚步遇到阻挡和羁绊时,不要动摇自己的理想和信念,相信自己,黎明就在前方。

精彩故事 2

❋ 两个缺点

从前,有一个工匠,与许多人坐在一棵大树下乘凉,感叹某一个人的道德品行都很好,只是有两个缺点:一是喜欢发怒,二是做事冒失。

碰巧,这个人刚好从这里经过,听到了这些话,他气得直冒火,赶忙冲了过去,抓住那个说自己缺点的人,举手便打。

"你为什么打他?"旁边的人问道。

这个人回答说:"这个人说我喜欢发怒,做事冒失,这纯粹是无稽之谈,难道我不应该打他吗?你们说,我什么时候喜欢发怒,做事冒失?"

旁边的人对他说:"你喜欢发怒、做事冒失的面目,此时此刻已经暴露无遗了,为什么还要隐瞒呢?"

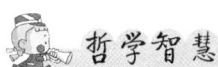

"金无足赤,人无完人。"每个人都有自己的缺点,当别人犯了错误时,一定要用委婉的方式指出来,切不可过于直接,这样不仅不易让人接受,而且还会适得其反。对于别人提出的意见,我们要认真听取,有则改之,无则加勉,保持与他人良好的人际关系。处理人际关系是一门学问,青少年不仅要学好文化基础课程,更要注意培养与他人友好相处的能力的培养。

精彩故事 3

❋ 丞相公孙弘

汉武帝时,丞相公孙弘出身贫寒,所以平时生活十分俭朴,吃饭仅一个荤菜,睡觉盖着普通的棉被。一向与他不和的大臣汲黯遂借故向汉武帝参了他一本。

汲黯向汉武帝说:"公孙弘位列三公,俸禄优厚,却衣食朴素,睡觉也只盖普通的棉被。其实,他是故意这样来沽名钓誉,为了骗取清廉俭朴的美名。"

汉武帝便问公孙弘:"汲黯所奏是否属实?"

公孙弘回答:"汲黯说得一点也没错。满朝大臣中,他与我的交情最好,也最了解我。今天他当庭指责我,自然是我的不对。我位列三公而生活如同小吏一般,确实是故意装得清廉以沽名钓誉。幸而汲黯忠心耿耿,陛下才能听到对我如此的批评。"

汉武帝听到公孙弘的这番话,反倒觉得他为人谦让,更加尊重他了。

哲学智慧

公孙弘面对汲黯的指责和汉武帝的询问,不但不辩解,且全部承认。这便是他高人一筹的智慧。很多时候面对别人有意地指责或诬陷时,我们并不需要辩解,这时只会越辩越乱,甚至会起到负面效应,最后让事情更加复杂。可见,人际关系的处理蕴藏了很多的智慧和学问,我们要不断摸索,不断总结,不断学习,才能更好地打理与他人的关系,才能更自信地向前行进。

3. 不怕家庭生活中的挫折

无论家庭或是爱情,都不能始终使人觉得真正美满。

——[俄]尼古拉·奥斯特洛夫斯基

家庭的和谐与幸福是青少年健康成长的保障。然而,温馨、平静的家庭往往都会有不测与不幸随时降临:父母开始了无休止的争吵,他们不再彼此关怀,他们的唇枪舌剑让你体会到了强烈的火药味。突然有一天,可怕的车祸或其他灾难夺去了亲人的生命,顷刻间你爱的支柱轰然倒塌,丝毫不理会你惊恐、无助的眼神。父母突然下岗了、失业了,殷实的日子一下子变得拮据起来,大家心里充满了担忧,甚至对未来产生了恐惧的心理。凡此种种,家庭中的不幸会使青少年备受挫折。

然而,不必叹气,不必埋怨,也不要逃避。只要信心在,只要亲情在,大家一起承担责任,一起迎接挑战,美好的明天就会向你招手,未来的幸福生活就会向你呼唤。

精彩故事 1

❋ 在责难中成长的大师

巴尔扎克是法国19世纪伟大的批判现实主义作家,欧洲批判现实主义文学的奠基人和杰出代表。他1799年出生在法国西部的图东城,他的父亲是一位金融家,在政府做官,他的母亲比父亲小32岁,对子女的教育漠不关心。

巴尔扎克从小就没有感受到家庭的温暖,并且经常受到母亲的责骂。在巴尔扎克8岁那年,他被送到一所教会办的学校读书。这所学校对学生非常严厉,经常进行体罚。

那个时候,巴尔扎克正是调皮的年龄,经常不守规矩,比如排队行走时,他有时走得很慢,有时又走得很快;上课听讲也常常走神发愣,所以他挨打的次数特别多。老师看他长得比较胖,学习成绩又不大好,就骂他:"这个孩子整天呆呆的,又懒又笨,简直不可理喻。"

巴尔扎克在家里受到忽视,在学校里又受到责骂,他无处诉说,渐渐地养成了沉默寡言的性格。幸好,他认识学校里的一个图书管理员,这个人对他特别好,经常把他叫去,问他有什么困难,还为他补习功课。他对巴尔扎克说:"你要是喜欢看书,就来找我,我借给你。"

从那个时候开始,巴尔扎克就经常跑到图书馆借书看。虽然他年纪很小,可是读书的兴趣很浓,哲学、历史、神学、科学……什么书都要读一读。对文学名著,他更是爱不释手。老师都没有看出来,这个看上去很笨的学生,竟然有着极强的记忆力和分析能力。巴尔扎克读书的速度很快,他并不是一个字一个字地死读,而是注意抓住书的中心内容,着重理解。对于书里的人名、地名、对话、故事经过,他都记得非常牢固。

就这样,少年时代的巴尔扎克虽然没有感受到家庭的温暖,又常常被学校老师责罚,内心世界却十分丰富。他掌握了许多知识,为日后从事写作打下了坚实的基础。

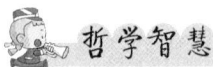

没有家庭的温暖,也没有长辈的鼓励,在父母和老师都放弃了巴尔扎克的时候,他却抓住了一道学习的曙光,贪婪地吸收知识,勤奋地学习,最终在文坛上占据了一席之位,成为文学史上大师级的人物。相比之下,我们有父母的热切期望,有老师的耐心教导,有自由的学习环境,我们有足够的理由珍惜现在的学习时光,做一名优等生。

精彩故事 ❷

❋ 匡衡凿壁借光

汉朝时有个人叫匡衡,他从小就勤奋好学。由于家里很穷,他白天必须干很多活儿,挣钱糊口。只有晚上,他才能坐下来安心读书。不过,他又买不起蜡烛,天一黑,就无法看书了。匡衡心痛这浪费掉的时间,内心非常痛苦。

匡衡的邻居家很富有,一到晚上好几间屋子都点起蜡烛,把屋子照得通亮。有一天匡衡鼓起勇气,对邻居说:"我晚上想读书,可买不起蜡烛,能否借用你们家的一寸之地呢?"邻居一向瞧不起比他们家穷的人,就恶毒地挖苦他说:"既然穷得买不起蜡烛,还读什么书呢!"匡衡听后非常气愤,不过他更加下定决心,一定要把书读好。

匡衡回到家中,悄悄地在墙上凿了个小洞,邻居家的烛光就从这洞中透了过来。借着这微弱的光线,他如饥似渴地读起书来,渐渐地把家中的书全都读完了。

读完这些书,匡衡深感自己所掌握的知识远远不够,他想继续看多一些书的愿望更加迫切了。附近有个大户人家,有很多藏书。一天,匡衡卷着铺盖出现在大户人家门前。他对那家主人说:"请您收留我,我给您干活儿不要报酬,只要让我阅读您家的全部书籍就可以。"主人被他的精神所感动,答应了他借书的要求。

匡衡就是这样勤奋学习,后来他做了汉元帝的丞相,成为西汉时期有名的学者。

哲学智慧

即使是被誉为天才的大科学家牛顿也说："假如我有一点微小成就的话,没有其他秘诀,唯有勤奋而已。"勤能补拙,唯有勤奋和坚持才是成功的最大秘诀。

知识是无限的,我们现在即使取得了一点成绩,掌握了一些书本上的知识,但是用更长远的眼光来看,这些知识远远不够。只有不断地用功和努力下去,我们的智慧才不会枯萎,才能掌握更多有用的知识,实现人生的价值。